The Two Cultures

The Two Cultures
by C. P. Snow, Introduction by Stefan Collini

Copyright © Cambridge University Press 1998
All rights reserved.

Korean Translation Copyright © ScienceBooks 1996, 2001, 2016

Korean translation edition is published by arrangement with
the Syndicate of the Press of the University of Cambridge, England
through Imprima Korea Agency.

이 책의 한국어 판 저작권은 임프리마 코리아 에이전시를 통해
the Syndicate of the Press of the University of Cambridge와
독점 계약한 (주)사이언스북스에 있습니다.

저작권법에 의해 한국 내에서 보호를 받는 저작물이므로
무단 전재와 무단 복제를 금합니다.

두 문화

The Two

C.P. 스노우 / 오영환 옮김

Cultures

사이언스 북스

옮긴이 서문

　C.P. 스노우의 명성을 일약 세계적으로 떨치게 해주었던 그의 유명한 리드 강연 〈두 문화와 과학혁명〉이 있은 지도 어느덧 30여 년이 지났으나, 이 강연이 불러일으켰던 반향은 비단 영국 내에서뿐만 아니라 전세계적으로 확산되었고, 아직도 이에 대한 논평이나 비판이 끊이지 않고 계속되고 있다. 이 점에 관해서는 이 개정판에 수록한 스테판 콜리니(Stefan Collini)의 70여 쪽에 이르는 상세한 해제 논문이 잘 말해 주고 있다.
　이 역서의 구역본은 오래전에 박영사의 문고판으로 나온 바 있다. 그러나 1993년에 같은 영국 케임브리지 대학 출판부에서 〈칸토〉 재판을 새로 편집, 출판한 것을 계기로 구역을 수정, 가필했고, 그 위에 전기한 스테판 콜리니의 참신한 새로운 시각을 담고 있는 긴 해제 논문을 수록하였다. 이것이 〈두 문화〉론에 대한 관심있는 독자들에게 적지 않은 참고가 될 것으로 확신한다.
　오늘날 우리의 사회, 교육제도, 그리고 지적 생활의 특징 중 하나가 한편으로는 인문적 문화, 또 한편으로는 과학적 문화로 분열되어 있다는 이야기는 새로운 이야기가 아니다. 그럼에도 불구하고 C.P. 스노우의 〈리드 강연〉을 계기로 이 문제가 돌출되면서 아직도 매체를 통해 공개적인 찬반 토론이 끊이지 않고 있다는 것은 무엇 때문인가? 스테판 콜리니의 해제 논문에서는 이러한 찬반 토론의 역사적 맥락을, 그리고 그것의 깊은 함의(implication)와 여적(餘滴)을 개관해 주고 있다. 그리고 주로 비과학자들에 의해 운영되고 있는 과학과 기술 정책의 중요성, 교육과 연구 활동의 미래, 우리의 공통 문화를 향한 희망을 위협하고 있는 단편화의 문제(problems of fragmentation) 등은 이 해제 논문에서 다루고 있는 중요한 논의 주제의 일부를 이루고 있다.

이 개정판을 내는 작업과정에서 특히 연세대학교 철학과 박사과정에 있는 전원섭 씨의 도움이 컸으며, 이번에도 교정 작업에 수고해 준 딸 수경, 그리고 사이언스북스의 이갑수, 당연증 두 선생의 노고에도 깊은 사의를 표한다.

1996년 6월 28일

知隱 吳榮煥

제2판에 붙이는 서문

　원 강연에서 이미 많은 것을 논하였기 때문에, 그 중 두 개의 부정확했던 점을 정정한 것을 제외하고는 최초에 인쇄되었던 그대로 두는 것이 가장 좋지 않을까 생각했다.
　제II부는 지난 4년 동안에 나타났던 여러 논평들과 경과에 비추어 다시 한번 원 강연을 고찰해 본 것이다.

1963년 9월 23일
C.P. 스노우

차례

옮긴이 서문 • 5

제2판에 붙이는 서문 • 7

Ⅰ 두 문화와 과학혁명—1959년도 리드 강연 • 11

Ⅱ 두 문화: 그 후의 고찰 • 67

Ⅲ 스테판 콜리니의 해제 • 121

참고문헌 • 189

옮긴이 해제 • 191

I 두 문화와 과학혁명
―― 1959년도 리드 강연

1 두 문화

한동안 나의 마음을 사로잡았던 문제의 줄거리를 활자화한 지도 벌써 3년이 지났다.[1] 그것은 내가 살아온 환경 때문에 결코 피할 수 없는 문제였다. 이 주제에 대해서 조금이라도 내가 논할 수 있는 자격이 있다면 오로지 이 환경, 일련의 우연에 불과한 것에 연유한다. 누구나 이와 비슷한 체험을 한 사람이라면, 거의 같은 식으로 사물을 보았을테고 그것들에 대해서 똑같은 의견을 가졌으리라고 생각한다. 다만 그 체험이 좀 색다른 것이기는 하였다. 나는 과학자로서의 교육을 받았고 작가를 나의 직업으로 삼았던 것이다. 그것뿐이었다. 가난한 집안에서 태어난 사람치고는 다소의 행운이었다고나 할까.

하지만 여기서 나의 개인적인 경력이 중요한 것은 아니다. 꼭

---

[1] 「두 문화」, 《뉴 스테이츠맨(New Statesman)》, 1956년 10월 6일.

말해 두어야 할 것은, 나는 케임브리지에서 과학이 매우 활발하던 시기에 다소나마 과학 연구 활동에 종사했다는 점이다. 나는 물리학이 놀랄 만큼 창조적이었던 한 시기를 주변에서 바라볼 수 있는 특전을 누렸다. 그 후 줄곧 그것을 지켜볼 수 있었고, 또 사실 마음속으로도 그렇게 할 수밖에 없었던 것은 전쟁이라는 우연에 의한 것이었다.

1939년 어느 몹시 춥던 아침 케터링 역의 간이 식당에서 브래그(W.L. Bragg, 1862-1942, 영국의 물리학자. X선에 의한 결정구조 연구로 1913년 노벨상 수상)를 만난 것이 또 하나의 이유였으며, 그와의 만남은 나의 실생활에 결정적인 영향을 주게 되었다. 그리하여 30년 동안 나는 호기심에서뿐만 아니라 실제 생활의 필요에 의해서도 과학자들과 접촉하지 않을 수 없게 되었던 것이다. 그리고 그 30년 동안, 내가 쓰고 싶었던 것을 작품으로 냈고, 그것이 나를 어느덧 작가로 키워준 결과가 된 셈이다.

나는 일하는 시간은 과학자들과 함께 지내고 밤에는 문학하는 동료들과 어울리는 날들이 많았다. 그것은 문자 그대로 사실이었다. 물론 막역한 과학자와 작가 친구들이 있었기 때문이다. 오래전에 글로 썼고, 내 스스로 〈두 문화(two cultures)〉라고 명명한 문제에 사로잡히게 된 것은, 이러한 무리의 친구들과 함께 살았다는 데도 기인하지만 그보다는 두 그룹 사이를 규칙적으로 왔다갔다 했다는 것이 더 큰 이유가 된 것 같다.

여기서 나는 다음과 같은 느낌마저 가지게 되었던 것이다. 즉, 이 두 그룹에 속하는 사람들은 지식 수준이 비슷하고, 같은 인종이고, 출신 성분도 크게 다를 바 없고, 거의 같은 수입을 가지면서도 교양, 도덕, 심리적인 경향에 있어서도 거의 공통점이 없기 때문에, 피차간에 접촉을 끊은 채 버링턴 하우스(런던의 피커딜리에 있는 건물. 신구 건물이 있는데 구관은 영국 미술원의 연차 전람회장이며, 신관에는 학회본부가 있음)나 사우스 켄싱턴(런던 서부의 자치구. 유명한 공원이나 박물관이 있음)에서 첼시(템스 강의 북쪽에 있는 런던 서남부의 자치구. 화가, 문인들이 많이 살던 곳으로 유명)로 가는 대신, 바다 건너 저편으로 가고자 한다고.

사실 바다 건너 저편만이 아니라 그보다 더 먼 곳까지 나아갔던 것이다. 대서양을 건너 2, 3천 마일 저편에는 그리니치 빌리지(미국 뉴욕 시 맨해튼 구의 서남부의 한 지역. 예술가, 작가들이 많이 살고 있음)가 있고 거기서는 첼시와 똑같은 언어가 사용되고 있었으나, 양쪽 사람들은 모두 MIT(매사추세츠 공과대학) 과학자들이란 티벳어 같은 알다가도 모를 말들을 지껄일 정도의 표현 밖에는 모르는 사람들로 인식하고 있을 정도였다. 이것은 비단 영국만의 문제는 아닐 것이다. 즉, 영국에서는 우리들의 사회나 교육이 갖는 어떤 특이한 체질 때문에 조금은 과장되었고 한편 또 다른 영국 사회의 특이성 때문에 때로는 다소 과소평가되고 있는 것이다. 요컨대 그것은 서구 전체의 문제인 것이다.

여기서 나는 좀 진지한 이야기 한 토막을 할까 한다. 나는 스미스(A.L. Xmith)로 믿어지는 인물에 관한 이야기를 들은 적이 있다. 그것은 옥스퍼드 고전문학과의 한 쾌활한 교수가 멀리 케임브리지의 회식에까지 왔다가 어떤 일을 당했다는 식의 유쾌한 이야깃거리는 아니다. 아마 1890년대의 일이었을 것이다. 장소는 세인트 존스 아니면 트리니티가 틀림없다고 생각한다. 하여간 스미스는 그때 학장인가 부학장의 옆에 앉아 있었다. 그는 주위 사람들을 모두 화제에 끌어들이는 것을 좋아했지만, 주위 사람들의 말에 곧장 자극을 받는 그런 사람은 아니었던 모양이다. 그는 맞은편 사람에게 옥스퍼드 식의 재미있는 농담을 한마디 했으나 상대방은 투덜거릴 뿐이었다. 그래서 오른쪽에 앉은 사람에게도 같은 이야기를 해보았으나 반응은 마찬가지였다. 게다가 그를 더욱 놀라게 한 것은 처음 상대편 사람이 또 한 사람을 쳐다보며 말하기를 〈스미스 씨가 한 말의 뜻을 아시겠습니까?〉〈전혀 모르겠습니다.〉이에 스미스도 손을 들고 말았다. 그런데 이 어색한 장면을 부드럽게 하기 위해서 학장은 〈오, 그분들은 수학자들입니다. 우리는 수학자들에게는 말을 건네는 법이 없답니다〉라고 말했다고 한다.

사실, 나는 진지한 이야기를 하고 있다. 내가 믿기로는 전 서구 사회의 지적 생활은 갈수록 두 개의 극단적인 그룹으로 갈라지고 있다는 것이다. 여기서 내가 말하는 지적 생활이란, 우리들의 실생활의 대부분을 포함해서 하는 말이다. 왜냐하면 이 두 개의 생활이 그 가장 깊은 면에서 구별될 수 있다는 것을 다른 사람은 몰라도 나는 믿을 수 없기 때문이다.

여기서 말하는 실생활에 대해서는 나중에 논의하겠다. 이 두 개의 극단적인 그룹의 한쪽에는 문학적 지식인(the literary intellectuals)이 있다. 그들은 아무도 그것을 크게 문제삼지 않기 때문에 마치 달리 지식인이 없는 것처럼 스스로를 지식인이라고 믿고 있다. 나는 케임브리지의 저명한 수학자 하디(G. H. Hardy, 1877-1947)가 1930년의 어느 날 당혹한 빛을 감추지 못한 채 나에게 들려준 다음과 같은 말을 기억하고 있다.

〈지적(intellectual)이라는 낱말이 요즘에 와서 어떻게 쓰이고 있는지 유의해 본 적이 있습니까? 러더퍼드(E. Rutherford, 1871-

1937, 영국의 물리학자. 노벨상 수상), 에딩턴(S. Eddington, 1882-1944, 영국의 천문학자, 물리학자), 디랙(P.A.M. Dirac, 1902-1984, 영국의 이론 물리학자. 양자역학 창설자의 한 사람. 1933년 노벨상 수상), 그리고 나 같은 사람은 거기에 해당되지 않는 어떤 새로운 의미 규정이 있을 것 같은데 그건 좀 이상하지 않습니까?〉[2]

한쪽 극에는 문학적 지식인이 그리고 다른 한쪽 극에는 과학자, 특히 그 대표적 인물로 물리학자가 있다. 그리고 이 양자 사이는 몰이해, 때로는(특히 젊은이들 사이에는) 적의와 혐오로 틈이 크게 갈라지고 있다. 그러나 그보다 더한 것은 도무지 서로를 이해하려 들지 않는다는 점이다. 이상하게도 그들은 서로 상대방에 대해서 왜곡된 이미지를 가지고 있다. 그들의 태도는 아주 딴판인데 심지어 정서적인 차원에서도 별반 공통점을 찾을 수가 없다. 과학자가 아닌 쪽의 사람들은 흔히 과학자를 성급하고 허풍이 심하다고 생각하기 쉽다. 이 점을 설명하기 위한 전형적인 인물로 엘리엇(T.S. Eliot, 1888-1965, 미국 출생의 영국 시인·평론가. 1948년 노벨 문학상 수상)을 들 수 있다. 그들은 엘리엇이 시극(詩劇)의 부활을 시도하려는 데 대해서 얘기한 〈크게 기대할 수는 없겠지만, 나와 나의 협력자는 새로운 키드(T. Kyd, 1558-1594, 영국의 비극 작가)나 새로운 그린(R. Greene, 1560-

---

2) 이 강연은 케임브리지의 청중을 위해서 행해진 것이다. 따라서 특히 설명할 필요가 없는 것을 몇 개 인용하고 있다. 하디는 당대의 가장 뛰어난 순수 수학자의 한 사람이며, 케임브리지에서의 젊은 특별 연구원 시절부터 1931년에 수학의 사들레리안 강좌에 복귀한 시절에 이르기까지 가장 멋있는 개성을 가진 인물이었다.

1592, 영국의 극작가)이라고 할 만한 작가들이 배출될 수 있는 소지를 마련하는 것만으로도 만족할 것이다〉라는 말을 듣는다. 이러한 비좁고 어색한 분위기, 이것이야말로 흔히 보는 문학적 지식인의 어조라고나 할까. 또한 그것은 그들의 문화에 대한 나직한 (절제한, 억누른?) 목소리이기도 하다. 한편 또 한 사람의 전형적 인물인 러더퍼드가 〈지금이야말로 과학의 영웅 시대인 것이다. 지금이야말로 엘리자베스 시대인 것이다!〉라고 소리 높여 나팔을 불어대는 것을 듣게 될 것이다. 우리 중에 많은 사람들이 그것을 들었고 또 그와 비슷한 많은 말들을 들어 왔다. 그리고 러더퍼드가 누구에게 셰익스피어의 역할을 주려는지에 대해서도 의문의 여지가 없었다. 그러나 문학적 지식인에게는 러더퍼드가 절대적으로 옳다는 것이 상상으로나 지적으로나 이해하기가 불가능하다.

그리고 〈이처럼 세계는 소리내어 갑자기 끝장나는 것이 아니라 흐느껴 우는 것처럼 조용히 끝장난다〉는 말——이는 지금까지 나타난 예언 중에서 가장 비과학적인 것이다——을 러더퍼드의 유명한 재치 있는 즉답 〈행운아, 러더퍼드여, 그대는 언제나 파도의 봉우리를 타고 있다〉, 〈그렇다. 나는 파도를 만들었지 않은가〉와 비교해 보라.

비과학자들은 과학자가 인간의 조건을 알지 못하며, 천박한 낙천주의자라는 뿌리 깊은 선입관을 가지고 있다. 한편 과학자들이 믿는 바로는, 문학적 지식인은 전적으로 선견지명이 결여되어 있으며, 자기네 동포에게 무관심하고, 깊은 의미에서는 반지성적이며, 예술이나 사상을 실존적 순간에만 한정시키려고 한다. 독설에 재간이 있는 사람이라면 이러한 험구를 얼마든지 지어낼 수 있을 것이다. 양쪽 모두 어느 정도 근거 있는 것이 사실이다. 하지만 그것을 건설적이라고 볼 수는 없다. 그 대부분은 오해에 기인한 것으로서 위험하기까지 하다. 나는 그 중에서 가장 뿌리 깊은 두 개만을 양쪽 편에서 하나씩을 들어 검토해 볼까 한다.

첫째는 과학자의 낙천주의에 대해서이다. 이것은 자주 비난의 대상이 되는 것으로서 진부하다고 느껴질 정도이다. 이것은 어느 시대에서나 가장 예리한 비과학자들이 하는 비난인데, 개인적 체험과 사회적 체험의 혼동, 인간 개인의 조건과 사회의 조건과의 혼동에 기인한 것이다. 내가 잘 알고 있는 대부분의 과학자들은 각 개인의 조건은 비극적이라는 것을 비과학자들과 마찬가지로 깊이 느끼고 있다. 우리는 누구나 고독하다. 때로는 사랑이나 애정 혹은 창조적 계기를 통해서 고독으로부터 벗어날 때도 있지만 이러한 인생의 승리도 우리 스스로를 위해서 만들어내는 빛이며, 길 양쪽은 어둡기만 하다. 결국은 누구나 홀로 죽기 마련인 것이다. 내가 아는 과학자 중에는 종교의 계시를 믿는 이도 있다. 어쩌면 그들은 비극의 조건이라는 것을 그토록 강하게 느끼지 않을지도 모른다. 깊은 감정을 가진 대부분의 사람들은 아무리 고상한 정신을 가지고 아무리 행복하다고 할지라도, 또 행복의 절정에 있고 가장 고상한 정신의 소유자일지라도, 그 본질에 있어서 인생의 부담이라는 점에서는 변함이 없는 것 같다. 이 사실은 다른 모든 사람과 마찬가지로 내가 알고 있는 과학자에게도 똑같이 해당되는 것이다. 그러나 과학자들의 대부분은 개인의 조건이 비극적이라는 이유만으로 사회의 조건이 비극적이어야 한다는 이유가 나온다고 보지는 않을 것이다.

바로 여기에 희망의 빛이 들어오는 것이다. 우리는 누구나 고독하고, 누구나 홀로 죽기 마련이며, 그것은 우리가 다툴 수 없는 운명이기는 하다. 그러나 우리들의 조건 가운데는 운명이 아닌 것이 얼마든지 있으며, 우리가 그것을 극복할 수 없다면 우리는 인간 이하의 존재가 될 수밖에 없을 것이다.

예를 들면 우리들의 동포 가운데 많은 사람들이 식량이 부족하여 천수를 누리지 못한 채 죽어간다. 대체적으로 말해서 그것이 바로 사회적 조건인 것이다. 더구나 인간의 고독을 달관함으로써 도덕적 함정에 빠지게 된다. 즉, 뒤를 향해 앉아서 사실에 등을 돌리고, 자기 자신의 비극에 안심입명(安心立命)하여 다른 사람들을 그대로 방치해 둔다는 것이다.

과학자들은 다른 그룹에 속하는 사람들보다는 이 함정에 빠지는 비율이 적다. 과학자는 혹 무엇을 할 수 있는 길이 없을까를 몹시 찾고 싶어 하는 성미의 소유자인 동시에 그것을 해낼 방도가 없다는 것을 알 때까지는 결코 포기하지 않는다. 이것이 바로 과학자의 진정한 낙천주의이며 이러한 낙천주의야말로 과학자 아닌 사람들이 절실히 필요로 하는 것이다.

거꾸로, 강인하고 선량하고 동포를 위해서는 단호히 싸운다는 그 정신이 과학자로 하여금 과학자 아닌 사람들의 문화가 가지는 사회적 태도를 경멸할 만한 것으로 보게 한다. 이렇게 생각하기는 쉽다. 실제로 그 중의 일부 문화가 그렇기는 하지만, 그것은 일시적인 현상이지 그것을 대표한다고 보아서는 안 된다.

나는 어떤 저명한 과학자로부터 다음과 같은 유도심문을 받은 것을 기억한다. 〈어째서 대부분의 작가들은 확실히 비문화적이고 영국 중세의 플랜태저넷 왕조(Plantagenet, 1154-1399)와 같은 시대에 뒤진 사회관을 가지고 있는 것일까? 이 말은 20세기의 대부분의 유명한 작가들에게 해당되는 것이 아닐까? 가령 예이츠(W.B. Yeats, 1865-1939, 아일랜드의 시인, 극작가. 노벨상 수상), 파운드(E.W.L. Pound, 1885-1972, 미국의 시인. 제2차 세계대전중 무솔리니 지지), 루이스(P.W. Lewis, 1884-1957, 미국 태생의 영국 화가, 소설가)와 같은 우리 시대의 문학을 지배하던 작가들 중 십중 팔구는 정치를 몰랐다기보다는 정치적으로도 사악했다고 할 수 있지 않을까? 그들이 내세울 수 있는 영향력이 있었다면 그것은 아우슈비츠(Auschwitz, 폴란드의 지명. 제2차 세계대전중 나치에 의해 유태인 포로의 대량 학살이 자행되던 곳)를 가까이 끌어당긴 일이 아닐까?〉

당시와 마찬가지로 지금도 여전히 나는 이에 대한 옳은 대답은 변호의 여지가 없는 것은 변호하지 않는 데 있다고 생각한다. 예이츠가 위대한 시인일 뿐만 아니라 관대한 성격의 소유자였다(내가 믿는 친구의 판단에 의하면)고 말한다 해도 소용이 없는 것이다. 진실을 부정한다는 것은 무모한 짓이다. 이에 대한 솔직한 대답은, 문학인들은 사실 20세기 초의 예술과 반사회적인 감정의 가장 저속한 표현 사이에 어떤 연결성이 있다는 것을 깨닫는 데 있어서 비난을 받을 만큼 느렸다는 것이다.[3] 이것이야말로 우리 가운데 일부 사람들이 예술에 등을 돌리고 새로운 혹은 다른 길을 독자적으로 타개하고자 한 이유 중의 하나였던 것이다.[4]

---

3) 이 점에 관해서는 《타임스 리터러리 서플리먼트(*Times Literary Supplement*)》, 「지식인에의 도전(Challenge to the Intellect)」(1958. 8. 15)에서 좀더 자세히 논한 바 있다. 이 분석을 더 밀고 나갈 생각이다.

비록 그 작가들 대부분이 한 세대의 문학을 지배했었지만 지금은 사정이 달라졌거나 적어도 그 당시와 같지는 않다. 문학은 과학과는 달리 훨씬 완만하게 변화한다. 또 과학처럼 자신의 잘못을 자동적으로 수정하는 장치도 없고 일단 방향이 잘못 잡혀지면 그 기간은 오래 지속되기 마련이다. 그러나 1914년에서 1950년까지의 시기에 나타난 증거를 기초로 작가를 판단한다는 것은 과학자의 잘못이다.

이상이 내가 말하는 두 문화 사이에 가로놓인 두 개의 오해이다. 일찍이 내가 이 두 문화를 논하게 된 것은 그것에 대한 내 나름의 비판적 견해를 가지고 있었기 때문이다. 내가 아는 대부분의 과학자들은 나의 견해에 취할 점이 있다고 생각하고 있으며, 또 경험이 풍부한 대부분의 내가 아는 예술가들도 같은 생각을 가지고 있다. 그러나 나는 이에 대해 강한 현실적인 관심을 가지는 비과학자들로부터 설복을 받아 왔다. 그들의 견해에 의하면, 그것은 지나치게 단순화시킨 생각이며, 그것을 논의하자면 적어도 세 개의 문화를 고려해야 한다는 것이다. 그들은 말하기를, 자기들은 비록 과학자는 아니지만 과학적인 느낌 같은 것을 상당히 가지고 있다는 것이다. 그리고 자기들도 과학자와 마찬가지로 현대의 문학적 문화를 별로 필요로 하지 않는다는 것이다. 필경 더 많이 알고 있기 때문에 하지 않을는지도 모른다. 플럼(J.H. Plumb), 알랜 불록(Alan Bullock, 영국의 현대사 권위자), 그리고

---

4) 문학적인 이유에서, 그 당시의 문학 경향은 우리들에게는 소용없는 것으로 느껴졌다고 말하는 편이 더 정확할 것이다. 하여간 그 당시에 이러한 문학 경향이, 그것이 나쁜 것이건 불합리한 것이건 혹은 양쪽 모두이건, 사회의 경향과 나란히 나아간 것을 보면 우리는 그러한 느낌을 더 깊이 가지지 않을 수 없다.

미국에서 사회학을 연구하고 있는 몇몇 친구들은 함께 있기가 꺼림칙하고 무기력한 사람들과 동일한 문화의 틀 속에 사로잡힌 다든지, 사회에 아무런 희망을 주지 못하는 풍조에 협력하기를 강력히 거부해 왔다고 말하였다.

    나는 이러한 논의에 경의를 표한다. 즉, 2라는 수는 매우 위험한 숫자이다. 변증법이 위험한 방법이라는 이유도 여기에 있는 것이다. 무엇이든지 둘로 나누려는 생각에는 의문점이 많다는 것이다. 나는 그것을 개선해 보려고 오랫동안 생각한 바 있지만 결국 중지하기로 하였다. 내가 찾고자 한 것은 문화의 구별까지는 안 간다고 해도 위풍당당한 은유(metaphor) 이상의 그 무엇이었으며, 바로 이 목적을 위해서는 두 문화로서 충분할 듯하고 그 이상으로 세분한다는 것은 비현실적이며, 이점보다는 결점이 더 많을 것 같았기 때문이다.

    한쪽 극의 과학적 문화는 비단 지적인 의미에서뿐만 아니라 인류학적인 의미에서도 진정한 문화라고 할 수 있다. 과학 속에서도 각 영역에 속하는 사람들은 서로를 완전히 이해할 필요도 없고 또 물론 그렇게 하기도 어렵다. 생물학자가 현대 물리학에 대해서 아주 모호한 개념을 갖는 경우는 흔히 있지만, 공통의 태도, 행동상의 공통적인 기준과 패턴, 공통의 연구 방법과 가정 설정 같은 것이 있는 법이다. 이러한 경향은 놀랄 만큼 깊고 넓게 과학자들에게 침투해 있으며 그 밖의 정신적인 패턴 예컨대 종교라든지 인종과 같은 패턴을 꿰뚫고 있다.

    통계상으로 나타난 것을 보면 종교적인 의미에서 신을 믿지 않는 사람은 다른 문화의 사람들보다도 과학자 가운데서 다소 더 많은 것 같다. 비록 종교적인 사람의 수도 많고 특히 젊은이들 사이에서는 더욱 늘어나고 있는 것처럼 보이지만 말이다. 또한 과학자 대부분은 자기들을 보수주의자라고 부르는데도(이 점도 젊은 사람들에게 공통된다) 통계적으로 보면 공개적인 정치에 있어 좌익 성향의 과학자들 수효가 약간 더 많다. 영국이나 아마 미국에 있어서도 다른 분야의 지식인과 비교해 볼 때, 다수의 과학자들이 빈곤한 가정 출신들이다.[5] 그러나 과학자의 행동과 사상의 전 영역에 걸쳐 그런 것은 크게 문제되지 않는다. 과학자가 행동이나 정서 생활에서 취하는 태도는 종교, 정치, 계급에 대해서 같은 레테르가 붙은 비과학자보다는 그것을 달리하는 과학자에 더 가까운 것이다. 만일 속기와 같은 실수가 허용된다면 과학자는 미래를 타고났다고 해야 옳을 것이다.

그들은 좋건 싫건 간에 미래를 몸에 지니고 있는 것이다. 이 사실은 보수주의자였던 톰슨(J.J. Thomson, 1856-1940, 영국의 물리학자. 원자물리학의 아버지로 불림. 1906년 노벨상 수상)과 린데먼(Lindemann, 1885-1958, 영국의 물리학자)과 급진주의자인 아인슈타인(A. Einstein, 1879-1955, 미국의 이론물리학자)이나 블래킷(P.M. Blackett, 1897-1974, 영국의 물리학자. 1948년 노벨상 수상. 진보적인 과학자), 크리스천인 콤프턴(A.H. Compton, 1892-1962, 미국의 물리학자. 1927년 노벨상 수상)과 유물론자 버널(J.D. Bernal, 1901-1971, 영국의 물리학자로 과학과 사회에 대한 예리한 비판의식을 가지고 있는 과학자), 귀족 출신의 드 브로이(de Broglie)나 러셀(B. Russell), 프롤레타리아 출신의 패러데이(Faraday), 부

---

5) 왕립협회 회원(Fellow of the Royal Society)의 출신교 분석이 이를 말해주고 있다. 하지만 예로 외교관이나 왕실 고문 변호사들의 출신 성분은 이와는 현저히 다르다.

유한 가문 출신의 머튼(T. Merton)과 로스차일드(V. Rothschild), 잡역부의 아들이었던 러더퍼드를 각각 나란히 비교해 보면 잘 알 수 있을 것이다. 하지만 그런 것을 생각할 것도 없이 과학자들은 똑같은 반응을 나타내는데 그것이야말로 문화라는 것이 가지는 진정한 의미인 것이다.

다른 쪽 극에서도 이러한 태도의 폭은 보다 광범위하게 걸쳐 있다. 우리는 지적인 사회를 통해서 물리학자의 세계로부터 문학적 지식인의 세계로 옮겨 가는 길목에서 온갖 색조의 감정을 경험하게 될 것이다. 그러나 결국은 과학의 전적인 몰이해라는 것이 중심이 되어 모든 것에 그 영향을 미치고 있는 것 같다. 이러한 몰이해는 우리들의 생각보다는 더 광범위하게 전통적인 문화(傳統的文化) 전체에 비과학적인 기미를 풍기게 하며, 이는 흔히 우리가 상상하는 것 이상으로 반과학적인 전환점이 되게 하는 경우가 많다. 그래서 한쪽 극에서 느끼는 공감은 다른 쪽 극의 반감을 불러일으킨다. 만일 과학자가 타고나면서 미래라는 것을 지니고 있다면 전통적 문화는 미래 같은 것은 존재하지 않았으면 하고 바라는 반응을 보인다.[6] 전통적 문화는 과학적 문화의 출현으로도 별반 상처를 입지 않고 여전히 서구 세계를 지배하고 있는 것이다.

이러한 양극화는 개인으로나 국민으로나 또 사회를 위해서나 막대한 손실이 아닐 수 없다. 동시에 그것은 현실적으로나 창조적인 면에서도 손실인 것이다. 그런데 되풀이해 말하거니와, 이러한 손실을 확연히 구별해서 고찰할 수 있다고 상상하는 것도

---

6) 미래의 존재를 가장 강렬하게 거부한 조지 오웰의 『1984』를 버널의 『전쟁이 없는 세계(World Without War)』와 비교해 보라.

틀린 생각이다. 그렇지만 잠시 동안 지적인 손실에 대하여 집중적으로 생각해 볼까 한다.

양자의 몰이해는 웃음거리조차 될 수 없을 정도로 그 정도가 심하다. 영국에는 약 5만 명의 현역 과학자가 있고, 8만 명의 전문적인 기술자와 응용 과학자가 있다. 전쟁중에 그리고 전후에 동료들과 함께 나는 그 중의 약 25%에 해당되는 3만에서 4만에 이르는 사람들과 면접을 하지 않으면 안 되었다. 만난 사람들 대부분이 40세 이하였지만 그 수는 충분한 자료를 제공해 주었다. 우리는 그들이 무엇을 읽고 무엇을 생각하고 있는지를 잘 알게 되었다. 그들을 좋아하고 존경하는 나였지만, 다소 충격을 받았다는 것을 고백한다. 전통적 문화에 대한 그들의 연대 의식은 너무나 박약하고 다만 형식적으로 모자에 손을 대고 인사를 할 정도에 불과하다는 사실은 정말 전혀 예상 밖이었던 것이다.

누구나 예상할 수 있는 바와 같이 우수한 과학자 중에는 비전문적인 문제에도 관심과 여력을 가진 이들도 더러 있었고 또 지금도 있다. 그리고 문학인들의 화제에 오를 만한 작품들을 모조리 읽은 사람도 더러 만났다. 그러나 그런 경우는 매우 드문 일이다. 그들 대부분이 (우리가 그들이 어떤 책을 읽고 있는지를 조사해 보았을 때) 이런 식으로 겸손하게 고백하는 것을 들을 수 있을 것이다. 〈글쎄요, 디킨스를 좀 읽어보려고는 했습니다만.〉 마치 디킨스가 릴케(R.M. Rilke, 1875-1926, 독일의 시인·작가)와 같은 일종의 이상한 비법적(秘法的)인 것, 뒤얽히고 과히 쓸모가 없는 작품의 작가라는 듯이 말한다. 사실 이것이 바로 과학자의 디킨스관인 것이다. 디킨스가 문학 이해를 불가능하게 만든 전형으로 탈바꿈되고 있다는 것을 발견한 것이 우리들의 작업을 통해서 얻은 가장 기묘한 결과의 하나였던 것이다.

물론 디킨스를 읽을 때, 또 우리들이 존경하는 많은 작가의 작품을 읽을 때, 과학자는 자기 모자에 손을 얹고 전통적 문화에 그저 인사를 보내는 정도이다. 그들은 그들 자신의 문화를 가지고 있는데 그것은 강력하고도 엄밀하며 또한 언제나 활동적이다. 그들의 문화 속에 들어 있는 논의는 문학적인 논의에 비하면 보다 엄밀하고 대개의 경우 그 사상적인 수준이 더 높다. 과학자들은 문학인들이 알아듣지 못하는 말들을 쓰지만 그들이 의미하는 바는 정확하며 그들이 논하는 〈주관적〉, 〈객관적〉, 〈철학〉, 〈진보〉니 하는 말들은 비록 우리들이 익숙하게 알고 있는 것과는 다르지만 그들 나름대로 그 의미를 분명히 알고 사용한다.[7]

여기서 우리는 과학자들은 매우 지적인 인간이라는 점을 상기할 필요가 있다. 그들의 문화는 많은 점에서 정확하며 훌륭한 것이다. 그들의 문화에는 하나의 예외 —— 그것은 중요한 예외이지만 —— 인 음악을 제외하고는 예술적인 요소가 별로 없다. 말의 교환과 열띤 논의, LP 레코드, 천연색 사진, 귀 그리고 어느 정도 눈을 사용한다는 것, 그저 이런 정도라고나 할까. 독서도

---

7) 현대의 기술적인 용어로서 주제적(主題的, subjective)이란 〈주제에 따라 나뉜다(divided according to subjects)〉를 의미한다. 목적적(objective)이란 〈목적을 지향하는 것(directed towards an object)〉을 말한다. 철학(philosophy)이란 〈일반적인 지적 연구 방법 내지 연구 태도(general intellactual approach or attitude)〉를 의미한다. (예컨대 과학자의 〈유도병기의 철학(philosophy of guided weapons)〉은 과학자로 하여금 어떤 〈목적적인 연구(objective research)〉를 제안하도록 이끌 수도 있다.) 〈진보적 직업(progressive job)〉이란 발전 가능성이 있는 직업을 말한다.

거기에는 거의 포함되어 있지 않다. 어떤 책을 읽느냐는 질문을 받은 한 친구는(아마 그 사람은 내가 이야기하고 있는 사람들보다는 낮은 수준의 부류에 속한다고 보아야 할 것이다), 〈책 말입니까? 저는 책을 차라리 도구로 사용하기를 좋아하죠〉라고 단호한 어조로 자신 있게 대답하는 것이었다. 대체 책이 어떤 도구의 구실을 한다는 것인지 어리둥절해질 수밖에 없었다. 망치라든지 원시적인 땅파기 도구라도 된다는 것일까.

그들이 읽은 책은 아주 적었다. 그리고 대개의 문학적인 사람들에게는 버터를 칠한 빵과도 같은 소설, 역사, 시, 희곡 분야의 책에 대해서는 거의 지식이 없는 거나 마찬가지였다. 그렇다고 해서 과학자가 심리적·도덕적·사회적인 생활에 관심이 없다는 것은 아니다. 사회 생활에 대해서 그들은 오히려 우리들보다 더 관심을 갖는다. 도덕적인 생활면에서도 현재의 지적 그룹 가운데서는 가장 건전하다고 할 수 있다. 과학 그 자체 속에는 도덕적인 성분이 들어 있다. 그리고 대부분의 과학자는 도덕적인 생활에 있어서 자기 나름의 판단을 내린다. 심리적인 것에 대해서도 우리들과 마찬가지로 상당한 관심을 가지고 있는데, 다만 거기까지 오는 시간이 늦은 것 같다. 과학자들이 관심이 없는 것은 아니다. 다만 전통적 문화의 문헌 전체가 그의 관심사가 아니라는 것이다. 물론 이런 태도는 잘못이며 그 결과 그들의 풍부한 이해 능력이 저하되고 마침내는 자기 스스로를 무력하게 만든다.

그런데 또 다른 한쪽에서는 어떤가. 그들도 무력해지기는 마찬가지지만 워낙 자존심이 높은 사람들이기 때문에 그 파급 효과는 더 심각할지도 모른다. 그들은 여전히 전통적 문화가 〈문화〉의 전체인 양 그리고 마치 자연법칙 같은 것은 없는 것처럼 생각한다. 자연법칙을 탐구한다는 것, 그리고 그 결과에 대해서도 마치 아무런 흥미가 없다는 듯이 말이다. 마치 물질 세계의 과학적 체계가 그 지적인 깊이, 복잡성과 명확성에 있어서 인간 정신이 이룩한 가장 아름다우며 경탄할 만한 공동 작업의 소산이 아닌 것처럼 말이다. 그러면서도 대다수의 비과학자들은 그 체계에 대해서는 아무런 개념도 가지고 있지 않은 것이다. 그들이 갖고 싶어한다 해도 가질 수도 없다. 광범한 지적인 체험의 세계에서 이 그룹의 사람들은 음치였다고 해야 옳을 것이다. 이 음치는 타고나면서가 아니라, 훈련을 통해서 혹은 훈련의 결여에서 온 것임을 덧붙여둔다.

 음치일 뿐만 아니라, 그들은 무엇을 읽고 있는지조차 깨닫지 못하고 있다. 영문학의 대작을 읽은 적이 없다는 과학자들에 대한 뉴스를 듣고 그들은 동정어린 쓴 웃음을 던진다. 그들은 과학자를 무지한 전문가라면서 무시한다. 하지만 그들 자신의 무지와 특수성도 사람을 놀라게 한다. 나는 전통적 문화의 기준에서 볼 때 높은 수준의 교육을 받았다는 사람들의 모임에 자주 참석한 적이 있는데 그들은 과학자들의 무지에 대한 불신을 표명하는 일에 상당한 취미를 가진 사람들이었다. 참을 수가 없었던 나는 그들 중에서 몇 사람이 열역학 제2법칙을 설명할 수 있느냐고 물었다. 반응은 냉담했고 또 부정적이었다. 나는 〈당신은 셰익스피어의 작품을 읽은 일이 있습니까?〉라는 질문과 맞먹는 과학의 질문을 던진 셈이었다.

 그보다 더 간단한 질문, 예컨대 〈질량 혹은 가속도란 무엇인가?〉(이 질문은 〈당신은 읽을 줄 아는가〉라는 질문과 동등한 과학상의 질문이다)라고 물었다면, 그 교양 있는 사람들의 열 명 중 하나는 내가 그들과 같은 언어를 사용한 것으로 느꼈으리라고 믿는다. 이처럼 현대 물리학의 위대한 체계는 진보한다는데, 서구의 가장 현명하다는 사람 중의 대부분은 물리학에 대해서 말하자면 신석기 시대의 선조와 같은 통찰력밖에는 없는 실정이다.

 나의 과학자가 아닌 친구들이 가장 악취미의 질문이라고 생각할지도 모르는 위에서 든 것과 같은 질문을 또 하나만 들어보겠다. 케임브리지는 과학자와 비과학자가 매일 저녁에 만나 식사를 함께 하는 대학이다.[8] 약 2년 전에 과학의 전 역사를 통해서 가장 경탄할 만한 실험상의 발견이 이루어졌다. 나는 스푸트니크를 말하려는 것이 아니다. 물론 그 놀라운 조직과, 지금까지 얻은 지식을 사용하여 빛나는 성과를 거두었다는 전혀 다른 이유에서 스푸트니크도 경탄할 만한 것이기는 하지만, 내가 말하려는 것은 컬럼비아 대학의 양(揚)과 리(李)에 의해서 행해진 실험에 대해서이다. 그것은 가장 위대하고도 독창적인 실험이었지만 그 결과가 너무나 놀라운 것이었기 때문에 우리는 자칫 이 실험의 아름다움을 잊어버리기가 쉽다. 그 실험은 우리로 하여금 물질 세계의 어떤 근본 원리에 대해서 재고하도록 하게 한다. 그 실험에서는 직관이나 상식은 별스럽게 된다. 이 실험의 결과는 〈패리티의 모순〉으로 잘 알려져 있다.

 만일 두 문화 사이에 어떤 진지한 교류가 있었더라면 이 실험은 케임브리지 교수들의 식탁에서 화제가 되었을 것이다. 정말 그랬을까? 나는 거기에 있지 않았지만 과연 그것이 화제의 대상

---

8) 거의 모든 칼리지에서 과학·비과학을 불문하고 특별연구원(Fellow)은 상석(학장, 교수들의 식탁)에 참석할 수 있다.

이 되었는지를 묻고 싶은 것이다.

　이처럼 두 문화는 서로 만날 만한 곳이 없는 것같이 보인다. 나는 이것이 슬프다는 이야기만으로 시간을 낭비할 생각은 없다. 사태는 더욱 중대하다는 데 문제가 있는 것이다. 실제로 나타나게 될 결과에 대해서는 뒤에서 언급하겠다. 그런데 우리는 사상이나 창조의 핵심을 이루는 최상의 기회를 태만 때문에 놓치고 있다. 두 주제, 두 규율, 두 문화―― 두 은하계까지도 ―― 의 충돌하는 지점은 반드시 창조의 기회를 마련해 줄 것이다. 정신 활동의 역사에서 어떤 돌파구가 열린 것도 바로 이 지점이었던 것이다. 이제야말로 이 기회가 거기에 있는 것이다. 다만 두 문화에 대해서 서로 접촉하여 대화를 나누지 못하기 때문에 이러한 기회는 말하자면 진공 상태 속에 있는 셈이다. 20세기의 과학이 20세기의 예술에 조금밖에 동화되지 못했다는 것은 기묘한 일이다. 시인들이 주의해서 과학적 표현을 사용하면서도 잘못 알고 사용하는 경우를 종종 보게 된다. 〈굴절(refraction)〉이라는 말이 산문 속에서 신비적인 모습으로 나타나고 있는 경우라든지, 〈편광(polarised light)〉이라는 말이 각별히 감탄할 만한 빛의 일종인 것처럼 문학자들이 사용한 적도 있었다.

　물론 그런 것으로 과학이 예술에 어떤 기여를 한다고는 생각되지 않는다. 과학은 우리들의 마음이 경험하는 모든 것과 동화되지 않으면 안되며, 그 중요한 것으로서 동화되지 않으면 안된다. 그래서 과학 이외의 것과 마찬가지로 자연스럽게 쓰여야 한다.

　나는 앞에서 이 문화의 분리는 비단 영국만의 현상이 아니라 모든 서구 사회에 존재한다고 말하였다. 하지만 이 현상은 두 가지 이유에서 영국에서 가장 두드러지게 나타나고 있다. 그 첫째는 교육의 전문화에 대한 이 나라의 광신적인 믿음이며, 이는 동서를 막론하고 이 나라에 가장 뿌리 깊게 침투해 있다고 할 수 있다. 또 하나는 이 나라에서는 사회의 형태를 고정화하려는 경향이 강하다는 점이다. 더구나 이 경향은 경제상의 불평등이 조정되면 될수록 강화되지 결코 약화되지는 않는다. 특히 교육에서 그렇다. 즉, 문화의 분리라는 현상이 일단 시작되면 모든 사회적 세력은 그것을 고정화하려고 하며 그 정도도 더욱 더 늘어간다는 것이다.

이 〈두 문화〉는 이미 60년 전부터 위험한 분극화 현상으로 나타나기 시작하였다. 그러나 수상의 자리에 있었던 솔즈베리(Salisbury) 경 같은 이는 하트필드에 자기의 연구소를 가지고 있을 정도였으며, 아서 밸푸어(Arthur Balfour)는 자연과학에 대해서 아마추어 이상의 취미를 가지고 있었다. 존 앤더슨(John Anderson)은 문관 근무를 하기 전에 라이프치히에서 무기화학을 연구한 일이 있으며, 지금으로서는 불가능한 여러 과목을 이수한 바 있다.[9] 지금은 정부 고위층 가운데서 이 정도의 지식의 교류조차 이루어질 것 같지도 않으며 또 생각조차 할 수 없다.[10]

사실상, 과학자와 비과학자의 분리는 오늘날의 젊은이들 사이

---

9) 그는 1905년에 시험을 보았다.
10) 그렇지만 영국 사회 지도층의 단단한 성격(그것은 〈누구든지 다른 모든 사람을 알고 있다〉는 사실)에서도 알 수 있는 바와 같이 과학자들과 비과학자들은 다른 어느 나라 사람들보다도 용이하게 국민으로서 서로를 알고 있다고 할 수 있을 것이다. 게다가 내가 판단하기로는 많은 지도적인 정치가나 행정가들도 미국에 비해서 훨씬 더 생생한 지적, 예술적 관심을 유지하고 있는 것도 사실이다. 이 두 가지는 영국의 자산이라고 본다.

에는 해소될 수 없게 되어 있다. 두 문화가 대화를 끊은 지도 벌써 30년이 되었다. 그래도 그들은 강을 사이에 두고 일종의 냉랭한 웃음을 지어보려고는 하였다. 이제는 예의 바름은 볼 수 없고 체면만을 유지하고 있을 뿐이다. 현대의 젊은 과학자들은 그들 이외의 사람들은 후퇴하는 문화에 속하고 자기들은 상승하는 문화에 속한다고 느끼고 있다. 또한 이 젊은 과학자들은 잔인하게도 자기네들은 아무 염려를 하지 않아도 좋은 일자리를 얻을 수가 있는데, 같은 시대의 영어나 역사를 전공한 사람들은 자기네의 60% 정도의 수입을 올려도 다행이라고 생각한다. 조금이라도 재능을 갖춘 젊은 과학자라면 『러키 짐』(1953년 킹슬리 에이미스가 발표한 작품으로서, 이른바 〈분노한 젊은이들〉의 대표작)의 주인공처럼, 사회의 버림을 받는다든지, 자기가 하는 일이 어리석다든지 하는 생각은 갖지 않을 것이다. 에이미스 씨와 그의 동료들의 불만 가운데 어떤 것들은 실은 문과계 졸업생의 취직난에서 오는 불만인 것이다.

  이 모든 것으로부터 벗어나는 유일한 길이 있다면 그것은, 당연한 것이지만, 영국의 교육을 재고하는 일이다. 이것이 영국에서는 앞서 지적한 두 가지 이유에서 다른 나라보다 어렵게 되어 있다. 영국의 교육이 지나치게 전문화되고 있다는 사실은 거의 모두가 인정할 줄 안다. 그러나 거의 모든 사람들이 그것을 변화시키기는 어려울 것이라고 느끼고 있다. 영국과 마찬가지로 다른 나라에서도 교육에 불만을 가지고 있지만 우리네들처럼 체념하지는 않는다.

  미국에서 18세까지 교육받는 아동의 수는 영국보다 비율이 높고, 엄밀하지는 않지만 되도록 넓게 교육한다. 미국인들은 교육을 재고해야 한다는 것을 알고 있다. 그래서 비록 충분한 기간이라고는 할 수 없지만 10년 이내에 이 문제를 해결하기를 바라고 있다. 소련에서도 영국보다 더 많은 비율의 아동을 교육하고 있다. 또한 그들은 보다 넓게(그들의 학교 교육이 전문화되고 있다는 생각은 터무니없는 서구인의 신화다) 그리고 보다 엄밀하게 가르치고 있다.[11] 그네들도 그 사실을 인식하고 있고 잘 해보려고 노력하고 있다. 스칸디나비아인 특히 스웨덴인들도 우리네보다 더 잘 하려들고 있으며, 실제상의 필요에 따라 상당한 시간을 외국어의 습득에 바쳐야 한다는 어려움에도 불구하고 이 문제에 열중하고 있다.

그런데 영국은 어떤가? 더 이상 융통성이 없을 만큼 고정되고만 것일까? 교장 선생들과 이야기해 보면, 그들은 세계적으로 그 유례를 찾아볼 수 없을 만큼 극단적인 영국의 전문화 교육은 옥스퍼드나 케임브리지의 장학생 시험제도 때문이라고 말할 것이다. 만일 그렇다면 옥스퍼드나 케임브리지의 장학생 시험 제도를 바꾸는 것이 불가능한 것은 아니지 않겠느냐고 생각할 사람이 있을지도 모른다. 그러나 이런 생각은, 그 개혁이 손쉽다는 것을 믿지 않으려는 복잡한 영국의 국민성을 과소평가하는 것이다. 영국의 교육의 역사가 지금까지 준 교훈에 따르면, 전문화를 더욱 촉진시킬 수는 있어도 그것을 감소시킨다는 것은 불가능하다는 것을 암시해 주고 있다.

어쨌든 극소수의 엘리트(영국과 비슷한 다른 나라에 비해서 더

---

11) 나는 미국, 소련, 영국의 교육에 대한 비교를 《뉴 스테이츠맨》(1956. 9. 6)의 「새로운 세계의 새로운 두뇌(New Minds for the New World)」에서 시도한 바 있다.

적은 비율이다)를 길러내며 이들에게 아카데믹한 특기를 주입시키는 과업을 줄곧 계속해 왔다. 케임브리지의 처음 150년간 그 특기는 수학이었으며, 그 다음에 수학과 고전이 되었고, 그 후에 자연과학이 들어오게 되었다. 그러나 선택은 한 과목으로 한정되어 있다.

이 과정은 돌이킬 수 없을 만큼 지나치게 진전되었다고 볼 수도 있을 것이다. 살아 있는 문화를 지향함에 있어, 이것이 어째서 비참한 과정이라고 내가 생각하는지, 그 이유에 대해서는 이미 앞에서 밝힌 바와 같다. 그리하여 만일 우리가 이 세계에서 실제적인 과업을 수행해 가지 않으면 안 되는 것이라면, 어째서 그것이 치명적인 것이 된다고 생각하느냐에 대한 이유를 지금부터 말해 보려고 한다. 그런데 영국 교육의 전 역사를 통해서 전문화된 정신적 훈련의 진행이 성공적으로 저지된 단 하나의 예가 생각난다.

그것은 50년 전 이곳 케임브리지에서 수학 우등 졸업 시험에 있어서 구태 의연한 명예 석차 제도가 폐지되면서 일어났다. 근 백 년 동안이나 이 우등 졸업 시험 제도는 모든 점에서 완벽한 것으로 생각되었다. 그런데 어떤 사람에게는 그 한 가지 예외라는 것이 문제 되지 않을 수 없었던 것이다. 하디나 리틀우드 같은 젊고 독창적인 수학자들이 늘 말하였듯이 요컨대 그러한 훈련은 아무런 지적 효과를 가져오지 못한다는 것이다. 뿐만 아니라 그들은 더 나아가서 우등 졸업 시험 제도는 영국의 수학을 백 년 동안이나 완전히 죽여버렸다고까지 말하고 있다. 심지어 이러한 아카데믹한 논의에 있어서조차 변두리를 돌아서 겨우 목적을 달성하게 된 것이다. 그러나 1850년과 1914년 사이의 케임브리지는 우리들의 시대보다도 한결 융통성이 있었다는 인상을 준다. 만일 낡은 수학 우등 졸업 시험 제도가 우리들에게 부과되었다면, 과연 우리는 그것을 폐지할 수 있었을까?

2 타고난 러다이트로서의 지식인

〈두 문화〉가 존재하는 이유는 많고, 깊고, 복잡하며, 어떤 것은 사회의 역사에, 어떤 것은 개인의 역사에, 또 어떤 것은 여러 정신 활동 자체의 내부에서 작용하는 원동력에 뿌리를 두고 있다. 하지만 나는 여기서 그 이유라기보다는 이와 상관되는 것, 이 논의의 어떤 것에 직접 혹은 간접으로 관계되는 중요한 것, 그것을 이끌어내고 싶다. 그것은 간단히 다음과 같이 말할 수 있다. 과학적 문화(scientific culture)에 속하는 사람들을 제외한다면, 서구의 지식인들은 산업혁명을 이해하려고 힘쓰지도 않았고 원치도 않았으며, 또 할 수도 없었다. 하물며 그것을 받아들일 턱도 없었다. 지식인, 특히 문학적 지식인(literary intellectuals)은 말하자면 타고난 러다이트(luddite, 산업혁명(1811-1816) 당시 기계가 실업의 원인이라고 잘못 생각한 데서 기계 파괴의 폭동을 일으킨 공장 직공들)들이었다.

특히 다른 나라들보다 산업혁명이 더 빨리 일어난 영국에서는 오랜 방심 상태의 기간을 거치는 동안 특히 이 사실이 잘 들어맞는다. 아마 그것은 영국에서 사물을 고정시키려는 현상을 설명해 줄 것이다. 거기에 약간의 조건을 붙인다면 미국의 경우에도 놀랄 만큼 잘 들어맞는다.

이 두 나라, 그리고 사실은 서구 전체를 통해서 산업혁명의 첫 파도가 무엇이 일어나고 있는지를 아무도 모르는 사이에 살며시 기어들어 왔다. 물론 그것은 농업이라는 것이 발견된 이래 최대의 사회 변혁으로서 적어도 우리들의 눈으로 지켜보는 가운데서 또 우리들 자신의 시대에 그렇게 되도록 운명지어졌던 것이다. 사실 농업 혁명과 산업·과학혁명이라는 두 혁명은 일찍이 인류가 알고 있는 유일의 질적인 사회생활의 변화를 가져오게 한 것이다. 그러나 전통적 문화는 이를 깨닫지 못하였고 깨달았다고 해도 자기가 본 것을 좋아하지 않았다. 이것이 전통적 문화가 산업혁명에서 이득을 별로 보지 못했다는 것을 의미하는 것은 아니다. 영국의 교육 제도는 19세기 영국의 부를 분배받으면서도, 오늘날 우리가 보는 바와 같은 형태로 자기 스스로를 고정시키는 일을 거들었던 것이다.

거의 모든 재능 있는 사람들, 상상력이 풍부한 사람들은 부를 낳게 하여 준 산업혁명에 되돌아가려고 하지 않았다. 전통적 문화는 산업혁명이 풍성해질수록 더욱 그로부터 떨어져 나갔다. 전통적 문화는 자기들의 문화를 영속시키기 위하여 젊은이들을 행정관이 되도록 혹은 인도제국에 알맞도록 훈련시켰지만, 그 어느 경우에도 그들로 하여금 산업혁명을 이해하거나 그에 참여시키는 방향으로 훈련시키지는 않았다. 19세기 중엽부터 앞을 내다보는 사람들은 국가가 부를 생산하기 위해서는 유능한 인재들에게 과학, 특히 응용 과학을 훈련시킬 필요가 있다는 것을 깨닫기 시작하였다. 그러나 아무도 귀를 기울이지 않았다. 전통적 문화는 이를 들으려고도 하지 않았으며, 한편 기초 과학이 없었던 것은 아니지만 별반 이에 열심히 귀를 기울이려고 하지 않았다. 본질적으로는 오늘날까지 계속되고 있는 이 이야기는 에릭 애시비(Eric Ashby)의 『과학기술과 대학(Technology and the Academics)』[12]에서 논의되고 있다.

기본적으로 아카데믹한 사람들은 산업혁명과 아무런 관계가 없었다. 지저스 칼리지의 늙은 코리 학장이 어느 일요일에 케임브리지로 달려오는 기차를 바라보면서 〈주님이나 나에게도 저것은 유쾌한 광경이 아니다〉라고 말한 것처럼. 19세기의 산업혁명에 대한 어떤 사상이 있었다면 그것은 괴팍스런 사람이나 손재주 있는 노동자에게 맡겨졌다. 미국의 사회사학자들은 나에게 미국의 경우에도 마찬가지라는 말을 전해주었다. 영국보다 50년이나 뒤늦게 뉴잉글랜드에서 전개된 산업혁명[13]에는 그 당시도 그렇고 그 세기 말에도 교육받은 재능 있는 사람들은 거의 등장하지 않았던 것 같다. 그것은 무엇이나 재주 있는 사람이 할 수 있는 정도의 지도를 받아 꾸려가지 않으면 안 되었다. 물론 헨리 포드 같이 뛰어난 천분을 가진 재주 있는 사람이 있기는 하였지만.

기묘하게도 독일에서는 본격적인 산업화 작업이 시작되기 훨씬 이전인 1830년대와 1840년대에 영국이나 미국이 2, 3세대 동안 할 수 없었던 응용 과학 분야에 있어서의 뛰어난 대학 교육을 받을 수 있었다. 나는 이 점을 잘 이해할 수 없고 또 거기에는 사회적인 이유도 없다. 그러나 그것은 사실이었다. 그 결과

---

12) 이 주제를 다룬 것으로는 가장 우수하고 또 유일한 저술이다. 역주: 이 책은 『과학기술의 혁명과 대학』이라는 표제로 이철주 박사에 의해 번역되어 연세대학교 출판부(1971)에서 출간되었다.
13) 그것은 매우 빠른 속도로 전개되었다. 영국 공업 생산 조사 사절단이 이미 1865년에 미국에 건너갔었다.

궁전 상인의 아들 루드비히 몬트(Ludwig Mond, 1839-1909, 독일 태생의 영국 화학자로서 화학공업 발전에 지대한 공헌을 하였다)가 하이델베르크에 건너가서 착실하게 응용 화학을 배웠다. 프러시아의 통신 장교 지멘스는 육군 사관학교와 대학에서 그 당시로서는 우수한 전기공학 과정을 이수하였다. 그 후 그들은 영국에 건너왔으나 그들과 경쟁할 만한 상대가 전혀 없었으며, 다시 교육받은 독일인을 데려와서 마치 풍요하고 무지한 식민지를 다루듯 재산을 모으기도 하였다. 이와 같은 방식으로 독일의 기술자들은 미국에서도 재산을 모았다.

거의 모든 곳에서 지식인들은 무엇이 일어나고 있는지를 이해하지 못하고 있었다. 물론 작가들도 그러하였다. 마치 정서적인 사람의 올바른 길은 도망치는 길밖에 없다는 듯이, 많은 사람들이 떨기도 하였다.

어떤 이들, 가령 러스킨(J. Ruskin, 1819-1900), 윌리엄 모리스(William Morris, 1834-1896), 소로(H.D. Thoreau, 1817-1862), 에머슨(R.W. Emerson, 1803-1882), 로렌스(D.H. Lawrence, 1885-1930)는 다양한 공상을 한 사람들이지만 결국 그들은 공포를 소리친 데 지나지 않았다. 어떤 뛰어난 작가로서 그의 상상적인 공감의 손길을 현실에 뻗쳐 섬뜩한 뒷골목길, 연기가 솟구치는 굴뚝, 다시 그 속에 깃들어 있는 참된 가치, 또한 가난한 인생에게도 열려 있는 삶의 전망, 지금까지는 운이 좋은 사람만이 알고 있었으나 이제야 나머지 99% 동포의 손에도 닿을 수 있는 데까지 이르고 있는 계시를 즉시 이해할 수 있었던 사람이 한 사람이라도 있었을까? 그것은 생각조차 할 수 없다. 19세기의 몇몇 러시아 작가는 그렇게 할 수 있었을지도 모른다. 그들은 포용력이 큰 성격의 작가들이었지만 전(前)산업 사회에 살았기 때문에 그럴 만한 기회가 없었다. 산업혁명을 이해한 유일한 작가가 있었다면 그는 늙은 입센(H. Ibsen, 1828-1906)이었다. 그 당시에는 노인이 이해할 수 없는 일이라고는 별로 없었다.

  물론 간단 명료한 진리가 하나 있으니, 그것은 산업화가 가난한 사람들의 유일한 희망이라는 것이다. 여기서 나는 〈희망〉이라는 말을 조잡하게 그리고 산문적인 의미로 사용한다. 나는 너무 세련된 사람들의 도덕적 감정을 만족시킬 만한 이 말의 사용 습관을 익히지 못하였다. 우리는 편히 앉아서, 생활의 물질적 기준 같은 것은 아무래도 좋다고 생각할 수도 있다. 혹은 개인의 선택 여하에 따라 산업화를 거부하는 사람도 있을 것이다. 원한다면 현대의 「월든」(소로의 작품(1854), 숲속의 생활 기록)을 시도해본다는 것도 좋을 것이다. 식량이 넉넉하지 못하고, 대부분의 아이들이 유아기에 죽는 것을 보며, 읽고 쓰기의 즐거움을 경멸하며, 자기의 수명이 20년이나 단축되는 것을 승인한다면, 나는 당신의 미적 감각의 변화의 힘을 존경한다.[14] 그러나 만일 선택할 만한 자유를 갖지 못한 사람들에게 당신의 선택을 강요한다면 나는 조금도 당신을 존경하지 않을 것이다. 사실 그들이 어떤 선택을 하리라는 것을 우리는 알고 있다. 즉, 어느 나라를 막론하고 기회만 주어진다면 가난한 사람들은 토지를 떠나 그들을 흡수해 주는 공장으로 옮겨간다는 점에 있어서 이상하리만

---

14) 지식인들이 보오링비(Vällingby, 스톡홀름 교외에 세워진 시범 주택가)에 살기보다는 18세기의 스톡홀름 거리에 살기를 더 좋아한다는 것은 당연하다고 할 수 있다. 나 자신도 그렇다. 그렇다고 해서 지식인들이 또 다른 보오링비가 세워지는 것을 반대한다고 생각하는 것은 잘못된 것이다.

큼 일치하고 있기 때문이다.

　나는 어렸을 적에 할아버지와 나눈 한 토막의 이야기를 기억하고 있다. 그는 전형적인 19세기의 직공이었으며, 머리가 매우 좋았고 강한 성격의 소유자였다. 10세에 그는 학교를 떠나 나이가 들 때까지 독학으로 공부를 하였다. 할아버지는 그의 같은 계층 사람들처럼 교육에 대한 뜨거운 신념을 가지고 있었다. 하지만 한평생 이렇다 할 행운을 누리지는 못하였다. 이제 와서 생각해 보니 기민한 처세술도 없었던 것 같다. 사실 그는 전차 차고의 정비 계장 이상으로 오르지는 못했다. 그의 일생은 그의 손자가 볼 때 거의 믿지 못할 정도로 고된 노력을 하면서도 보람이 없는 것이었으나 당사자는 그렇게 생각하지 않은 것 같았다. 할아버지는 자기의 직책이 부적합하다는 것을 모를 만큼 우둔하지 않았으며 의분을 느낄 줄 아는 자부심도 가지고 있었다. 그는 자기가 해놓은 일이 적은 것에 실망도 느꼈지만, 그의 조부에 비하면 상당히 많은 일을 했다고 생각하는 것 같았다. 그의 조부는 틀림없이 농사꾼이었을 것이다. 그의 세례명이 무엇인지도 모른다. 그는 옛날 러시아의 자유주의자들이 말하는 〈암흑민(dark people)〉으로서, 역사의 이름도 없는 진흙 속에 완전히 파묻혀 있다. 나의 할아버지가 아는 한 그는 읽고 쓸 줄도 몰랐다. 할아버지의 생각으로는 그는 재능을 타고 났고, 그의 조상에 대해서 사회가 한 일과 하지 않은 일에 참을 수가 없는 성미였으며, 또 그는 조상들의 입장을 결코 로맨틱한 것으로 생각하지도 않았다. 18세기 후반, 신사연하는 우리들이 계몽주의와 제인 오스틴(Jane Austen 1775-1817, 영국의 여류 소설가)의 시대로밖에 생각하지 않는 시대에 농사꾼 노릇하는 것이 재미 있는 일은 아니었던 것이다.

　산업혁명은 윗자리에서 보느냐 아니면 아랫자리에서 보느냐에 따라 아주 다르게 보였다. 오늘날에는 그것을 첼시(Chelsea)에서 보느냐, 아시아의 작은 마을에서 보느냐에 따라 달라진다. 나의 할아버지 같은 사람들에게는 산업혁명 이후가 그 이전보다 좋다는 것이 의심할 나위도 없는 것이다. 어떻게 더 잘 하느냐가 유일한 문제였던 것이다.

　보다 복잡한 뜻에서 그것은 현재에도 문제가 되고 있다. 선진국에서는 옛날 산업혁명이 무엇을 가져왔는가를 대체적이나마 재빨리 깨닫고 있었다. 응용 과학이 의료 과학과 의료 간호학과 나란이 발전하기 때문에 인구가 크게 늘어난다는 것, 이와 비슷한 이유에서 충분한 식량 확보가 가능하게 된다는 것, 산업 사회는 그렇게 하지 않고는 운영될 수 없기 때문에 누구나 읽고 쓸 줄 알게 된다는 것, 즉 건강, 식량, 교육은 산업혁명을 통해서 가난한 사람들에게 제대로 보급시켜 줄 수가 있었던 것이다. 이것이 가장 큰 소득이다. 물론 거기에는 병폐도 적지 않다.[15] 그 중의 하나는, 사회의 산업화는 전면 전쟁을 위한 조직화를 용이하게 만든다는 것이다. 그러나 위에서 말한 이득은 그대로 남아 있을 뿐만 아니라 바로 우리의 사회적인 희망의 기반이 된다.

　하지만 우리는 과연 그러한 이득이 어떻게 해서 생겨났는가를 이해하고 있을까? 우리는 옛날 산업혁명을, 그리고 또한 우리가 당면하고 있는 새로운 과학혁명을 이해하기 시작하고 있을까?

---

15) 인간이 사냥과 채집 생활로부터 농업으로 옮겨 갔을 때, 틀림없이 상당한 기간에 걸쳐 동일한 손실이 있었으리라는 것을 기억해 둘 필요가 있다. 틀림없이 어떤 사람들에게는 그것이 정신적인 타락이었을 것이다.

이것이야말로 무엇보다도 먼저 우리가 이해해야 할 점인 것이다.

3 과학혁명

나는 산업혁명과 과학혁명의 구별에 대해서 이미 언급한 바 있다. 그 구별은 뚜렷하지는 않지만 쓸모 있는 것이기 때문에 이 자리에서 규정해 두어야 하겠다. 산업혁명이란 〈점차적으로 기계를 사용하게 된다는 것, 남녀의 직공들을 공장에 고용한다는 것, 영국의 주된 산업인 농업에 종사하는 노동 인구를 공장에서 물건을 만들고 그 제품을 판매하는 인구로 변하게 한다는 것〉이라고 나는 생각하고 있다. 앞에서도 언급한 바와 같이 이 변화는 우리도 모르는 사이에, 아카데믹한 사람들에게는 경원시되고, 실제의 〈러다이트〉나 지적인 〈러다이트〉에게는 증오의 대상이 되는 가운데서 유입되어 왔다. 그것은 영국의 과학과 미학에 대한 여러 태도와 연관되어 있는 것 같이 보이는데, 그것들은 이제 어쩔 수 없이 고정되고 말았다. 우리는 그 시기를 대체로 18세기 후반에서 20세기 초엽으로 잡을 수 있을 것이다. 그리고 거기서 또 하나의 변화, 최초의 변화와 긴밀하게 연결되면서 본질적으로는 보다 과학적이며, 보다 급속도로 나아가며, 그 결과 놀랄 만한 변화가 일어나게 된 것이다. 이 변화는 과학을 산업에 응용함으로써 일어나며, 그저 우연히 적중하거나 빗맞는 것이 아닌, 혹은 괴이한 〈발명가〉의 아이디어가 아닌, 진짜인 것이다.

이 둘째 변화의 시기를 어떻게 잡느냐는 것은 각자 취향의 문제이다. 사람에 따라서는 이 시기를 60여 년 전에 일어났던 대규모의 화학공업이나 공학 공업(화학공업과 경공업을 제외한 기계, 전기, 토목, 건축 등의 공업)의 시기까지 거슬러 올라가고 싶어할 것이다. 나로서는 그보다 늦은 시기, 즉 지금부터 3, 40년 전 이후로 생각하고 있으며, 대체적인 정의를 내린다면 그것은 〈원자입자(atomic particles)가 최초로 공업적으로 이용되기 시작한 때〉를 그 시기로 잡고 싶은 것이다. 내가 믿는 바로는 전자공학, 원자 에너지 공업, 오토메이션이 가져오는 산업 사회는 지금까지 있었던 어떠한 것과도 본질적으로 다른 것으로서 우리들의 세계를 더욱 대규모적으로 변화시켜 갈 것이다. 이 변혁이야말로 〈과학혁명(scientific revolution)〉이라고 호칭해야 한다는 것이 나의 견해인 것이다.

　과학혁명은 우리 생활의 물질적 기반이며, 더 정확히 말해서, 우리가 형성하고 있는 사회의 혈액이기도 하다. 그러면서도 우리는 이에 대해서 거의 아무것도 아는 바가 없다. 고등 교육을 받은 비과학적 문화에 속하는 사람들은 기초 과학의 가장 단순한 개념조차도 따라가지 못한다는 것을 나는 앞에서 인용한 바 있지만 응용 과학에 대해서는 더 어둡다. 교육받은 사람 가운데서 생산 공업——낡은 형이건 새로운 형이건 간에——에 대해서 지식을 가진 사람이 과연 얼마나 될까? 또한 공작 기계란 무엇인가? 일찍이 내가 어떤 문화 단체에서 그것에 대해 물었을 때 그들은 어리둥절하는 것 같았다. 공업 생산이란 그것을 모르는 이에게는 일종의 종교 요법과 같은 신비한 것으로 보인다. 흔한 예로 단추를 생각해 보자. 그것은 매일같이 수백만 개씩 만들어진다. 그래서 단추 만드는 작업이 의의 있는 활동이라고 이해하지 못한다면 사람들이 사나운 〈러다이트〉가 되는 것도 무리는 아닐 것이다. 그러나 올해에 케임브리지의 인문 분야에서 수석을 차지하는 열 명의 사람 가운데 단 한 사람도 공업 생산이 필요로 하는 인적인 조직 구조를 대략적인 것조차 분석할 수 없을 것이라고 나는 장담한다.

 아마 미국에서는 우리네보다는 넓게 산업에 대하여 얼치기로 알고 있을지도 모르지만, 미국의 작가 가운데도 자기의 독자가 산업이 무엇인지를 알고 있다고 가정할 수 있었던 이는 하나도 없었으리라고 나는 믿는다. 작가는 독자에게 옛날 남부 지방의 봉건제도 비슷한 사회에 대한 지식을 가정할 수 있을 것이고, 또 흔히 그렇게 하고 있을 뿐이지만, 산업 사회에 대한 지식을 가정하지는 못할 것이다. 물론 영국의 작가는 하지 못하였다. 하지만 산업 조직에 있어서의 인간 관계에는 매우 미묘하고도 흥미로운 바가 있다. 그리고 또 그것은 우리를 기만하기 쉽다. 즉, 그것은 명령이라는 쇠줄로 연결된 일종의 계급직제(階級職制), 예컨대 군대의 사단이나 문관 근무의 경우 국(局)에 있어서의 인간 관계와 같은 것이라야 된다고 생각하기 쉽다. 하지만 실제에 있어서는 그보다 매우 복잡하고 명령이라는 직접적인 쇠줄에 익숙한 사람이라면 그가 산업 조직에 발을 들여 놓자마자 어찌할 바를 모르게 될 것이다. 그리고 어느 나라에 있어서나 이들의 인간 관계가 어떠한 것이라야 하느냐에 대해서는 아무도 아는 이가 없다. 그것은 스케일이 큰 정치 문제와는 거의 관계가 없는 문제이며, 산업 생활 속에서 직접 생겨나는 문제인 것이다.

 대개의 기초 과학자들은 생산적인 공업에 대해서 한심할 정도로 무지하였고 지금도 그렇다고 해도 틀린 생각은 아니라고 본다. 기초 과학자와 응용 과학자를 과학적 문화라는 동일한 틀 속에 일괄시키는 것을 허용한다고 해도 양자간의 간격은 큰 것이다. 또한 기초 과학자와 기술자가 서로 상대방을 오해하는 수도 많다. 그들의 행동은 아주 다른 방향으로 기울어진다. 기술자들은 조직된 집단 속에서 그들의 삶을 살지 않으면 안 되며, 마음속으로는 무엇을 생각하든 간에 세상을 향해서 훈련된 얼굴을 지어보이지 않으면 안 된다. 그러나 기초 과학자는 그렇지 않다. 기초 과학자 중에는 다른 직업인에 비해서, 비록 20년 전보다는 적지만, 정치적으로 좌익인 사람의 비율이 높다. 그러나 기술자의 경우는 그렇지 않다. 그들은 거의 모두가 보수적인 사람들이다. 극단적인 의미에서의 반동이 아니라 다만 보수적인 삶들이라는 뜻이다. 그들은 물건을 만드는 일에 열중하며 현재의 사회 질서에 충분히 만족하고 있는 사람들이다.

 대체로 기초 과학자는 기술이나 응용 과학에 밝지 못했다. 그들은 그것들에 흥미가 없었으며, 기술이나 응용 과학상의 많은 문제들이 기초 과학의 문제처럼 지적으로 정밀하며, 그 해답들도 기초 과학에서처럼 만족스럽고 아름답다는 것을 인정하려 들지 않았다. 기초 과학자들은 본능적으로(그들의 본능은 아마 이 나라에서는 어디서나 새로운 속물 근성을 찾으려 하며, 만일 없을 경우에는 새로운 것을 만들려는 열정으로 날카롭게 되어 있다) 응용 과학이란 2류 두뇌의 소유자에게 알맞는 직업이라고 생각해 왔다. 나 자신 20년 전만 해도 이런 방식으로 생각했기 때문에 나는 이 점을 강조하고 있는 것이다. 그 당시 케임브리지에 있어서의 젊은 연구자들의 사상적 풍토는 자랑할 만한 것이 못되었다. 우리가 하고 있는 과학은 어떤 환경에서도 실용적인 용도를 가질 수 없다는 것이 우리들의 자랑이었던 것이다. 그래서 우리는 이 점을 확고하게 요구하면 할수록 뛰어난 것으로 생각했다.

러더퍼드 같은 이조차도 공학에 대해서 별반 관심을 갖지 않았다. 그는 다음의 이야기를 믿지 못할 정도로 칭찬하면서 말한 바 있다. 〈어느 날 카피차(P.L. Kapitza, 1894-1984, 러시아의 지도적 물리학자)가 메트로비크(Metrovick)에게 공학적인 청사진을 보냈는데, 그 마법사들은 청사진을 충분히 검토한 다음에 그것과 똑같은 기계를 만들어 카피차의 연구실에 보내주었다〉는 것이다. 러더퍼드는 또 코크로프트(J. Cockcroft, 1897-1967, 영국의 물리학자)의 공학상의 솜씨에 감탄하면서 그에게 기계 연구의 특별연구비로 600파운드나 제공해 주었다. 죽기 4년 전인 1933년에 러더퍼드는 원자핵 에너지를 인류가 이용하기 위해서 해방시키는 것은 불가능할 것이라고 확신을 가지고 공언했다. 그런데 9년 후에 시카고에서 최초로 원자로가 움직이기 시작했던 것이다. 그것은 러더퍼드가 내린 과학적 판단 가운데서 유일한 큰 실수였다. 그리고 기초 과학이 응용되는 시점에서 그런 판단이 내려졌다는 데 흥미를 끌게 한다.

사실 기초 과학자는 사회 현상에 대해서 이렇다 할 이해나 강한 관심을 보이지 않았다. 그들에 대해서 기껏 말할 수 있는 것은 필요에 따라 해 보니까 사회 현상이라는 것도 아주 배우기 쉽더라는 것을 알게 되었다는 것이다. 전쟁 중에, 아주 많은 과학자들은 존슨처럼 지혜를 짜내어 생산에 관계되는 산업을 연구하지 않으면 안 되었다. 그런데 그것이 그들의 눈을 뜨게 해주었던 것이다. 나 자신도 업무상의 필요에 의해서 산업을 이해할 필요가 있었던 것이다. 그것은 내 평생에 가장 귀중한 교육의 하나였는데, 내가 이 교육을 받은 것은 35세 때였으니 나는 이보다 더 일찍 받았어야 했던 것이다.

이 사실은 내 마음을 다시 교육의 문제로 향하게 한다. 어째서 우리는 과학혁명에 대처하지 않는가, 어째서 다른 나라들은 더 잘 하고 있는 것일까? 어떤 모양으로 우리는 미래, 즉 문화적인 미래와 현실적인 미래에 대처해 갈 것인가? 어느 쪽에서 논하든 간에 같은 결론에 이르게 된다는 것이 밝혀지게 될 것이다. 만일 지적인 생활만을 고려한다든가, 사회 생활만을 고려함으로써 시작한다고 해도 우리들의 교육이 잘못되어 있다는 것, 그리고 똑같이 잘못되었다는 것이 분명해질 것이다.

어떤 나라가 완전한 교육을 하고 있다는 것은 아니다. 앞서도 말한 바와 같이, 미국이나 소련은 자기 나라의 교육에 불만을 나타내는 점에서는 영국보다 활발하다. 즉, 그들은 보다 대담한 개혁 조치를 취하고 있다는 것이다. 그들은 자기들이 살고 있는 세계에 보다 민감하기 때문이다. 내가 보는 바로 이 두 나라는 아직 올바른 해답을 얻지는 못했지만, 영국보다는 그 해답에 더 가까이 접근해 가고 있다는 것을 의심치 않는다. 어떤 것은 우리가 그들보다 더 잘 할 때도 있다. 예컨대, 교육상의 전술(교육 기술)에 있어서는 우리들이 그들보다 천부적인 재능을 타고났다. 하지만 교육의 전략(교육 정책)에 있어서는 그들 곁에서 그것을 가지고 놀고 있을 뿐이다.

이 세 나라의 교육 체계는 크게 다르다. 물론 영국은 18세까지 교육시키는 비율이 그들에 비해서 훨씬 떨어진다. 그리고 이 적은 수 가운데서 다시 적은 수만을 취해서 대학 교육을 시킨다. 소수의 엘리트를 훈련시키는 낡은 패턴은 다소 쇠퇴하기는 했지만 폐지되지는 않았다. 그리고 이 패턴 속에서 우리는 여전히 전문 교육에 대한 민족적 열정을 쏟고 있는 것이다. 이 나라의 영리한 젊은이들은 소련보다는 덜하지만 미국보다는 훨씬 더 엄격하게 21세까지 훈련받는다. 18세까지의 영국의 과학 전공자는 다른 어느 나라의 같은 연배 젊은이들보다도 과학을 더 잘 알고 있다. 비록 다른 분야에서는 아는 바가 적지만, 첫 학위를 얻는 21세에 그들은 아마 1년쯤 앞서 있을 것이다.

미국의 교육 정책은 이와는 좀 다르다. 미국에는 모든 사람이[16] 고등학교에 들어가서 18세까지 느슨하고 일반적인 교육을 받는다. 여기서 문제되는 것은 이 느슨한 교육을 통해서 엄밀한 것 —— 특히 기초 수학과 기초 과학 —— 을 어떻게 주입시키느냐 하는 것이다. 이어서 이 대부분의 18세 청년들은 대학에 들어가게 되는데, 이 대학의 교육도 고등학교와 마찬가지로 영국보다는 분산적이며 덜 전문적이다.[17] 4년 후에도 이 젊은 남녀들은 영국처럼 상당히 전문적인 훈련을 받는 일은 별로 없다. 그들 가운데서 많은 수의 우수한 사람들이 구속을 받지 않고 창조적 의욕을 잃지 않고 있다는 것을 유의해 두는 것이 좋겠다. 본격적으로 엄격해지는 것은 그들이 학위 과정(Ph.D.)에 들어가서이다. 이 단계에 이르면 미국에서는 영국보다도 학생들을 더 엄격하게 교육시킨다. 미국에서 해마다 과학이나 공학 분야에서 학

---

16) 이것은 완전히 정확하지는 않다. 고등 교육이 크게 발달된, 예를 들면 위스콘신 주에서는 95%의 아이들이 18세까지 고등학교에 진학한다.
17) 미국은 복합적이고 다원적인 사회이며 대학의 기준도 영국 대학과는 현저하게 다르다. 어떤 콜리지는 그 수준이 대단히 높은 곳도 있으나 대체적으로 내가 여기서 말하고 있는 일반론은 옳다고 생각한다.

위(Ph.D.)를 따낼 만한 재능을 가진 사람의 수가 영국에서 배출하려는 첫 학위를 가진 사람의 수와 맞먹는다는 점을 기억해 둘 가치가 있다.

소련의 고등학교 교육은 영국만큼 전문화되어 있지는 않지만 미국보다는 훨씬 힘든 과정이다. 학문을 하겠다는 사람이 아니고서는 너무나 힘들다는 것이 밝혀졌기 때문에, 15세에서 18세까지의 교육에는 다른 방법을 시도하고 있다. 일반적인 방법은 국민 전부를 프랑스의 리세(Lycee, 프랑스의 공립중학교, 고전인문제 교육에 중점을 두며 수학 연한은 7년, 최상급반을 철학반과 수학반으로 나눔)와 같은 과정에 (40% 이상) 과학과 수학을 덧붙여 교육하고 있다. 누구나 이 모든 과목을 이수하여야 한다. 그러나 대학에 들어가면 이 일반 교육은 갑자기 없어지고 5년 과정에서의 마지막 3년은 영국 이상의 전문 교육이 베풀어진다. 따라서 영국 대학에서는 한 학생이 기계공학에서 우등 학위(an honours degree)를 얻을 수가 있는데, 소련에서는 많은 학생이 기계공학의 분과인 공기 역학이라든지 공작기계 설계라든지 디젤 엔진 제작 등으로 우등 학위를 얻을 수가 있다.

소련이 교육시키고 있는 기술자의 수는 너무 많고, 좀 지나친 교육이라고 생각되지만 그들이 나의 이 말에 귀를 기울이려 하지는 않을 것이다. 그 수는 현재 다른 모든 나라의 기술자를 모두 합친 수보다도 더 많고 앞으로 50%나 더 늘어날 추세에 있다.[18] 양성된 기초 과학자와 기술자를 함께 묶어서 생각해 본다면, 영국이 인구 1인당 1인의 영국인을 전문적인 수준으로 양성

---

[18] 미국에서의 매년 졸업하는 기술자의 수는 현저하게 감소되고 있다. 이에 대한 적절한 이유를 아직 들은 바 없다.

한다면 미국은 1.5인, 소련은 2.5인을 양성하고 있다.[19] 그렇다면 무엇이 잘못되고 있는 것일까?

어떤 조건을 붙인다면 소련인들은 이 사정을 잘 알고 있었다고 나는 믿는다. 그들은 우리나 미국인보다도 과학혁명에 대해서 깊은 통찰력을 가지고 있었다. 그리고 두 문화 사이의 간격은 우리 경우만큼 넓지는 않는 것 같다. 가령 현대의 소련 소설을 읽어보면 작가들은 적어도 독자들이 산업이 무엇이라는 것을 알고 있다는 것을 전제로 하고 있음을 알게 될 것이다. 영국에서는 하기 어렵지만. 순수 과학은 별로 끼여들지 않고 있고, 작가들 또한 순수 과학에 대해서는 여기서 논하고 있는 문학적 지식보다 더 행복한 것 같지도 않다. 그러나 기술자의 경우는 이와는 달리 끼여들고 있다. 소련의 소설에 나타나 있는 기술자는 미국의 소설에 나타나 있는 정신 병리학자 정도로 독자에게 이해되는 것 같다. 발자크(Balzac)가 수공업 생산에 협력한 것처럼 그들은 예술에 있어서 생산 방법에 협력할 체제를 정비하고 있다. 나는 이 점을 지나치게 강조할 생각은 없지만 어쨌든 그것은 중요한 의미를 갖는다고 본다. 또한 소련의 소설을 읽어보면 언제나 교육에 대한 뜨거운 신념 같은 것을 느끼게 될 것이다. 이 소설에 등장하는 인물들은 나의 할아버지가 그러했던 것처럼 이상과 빵을 혼합시킨 것 같은 이유에서 교육에 대한 신념을 가지고 있다.

어쨌든 소련인들은 과학혁명의 선두에 서게 될 국가가 필요로 하는 교육받은 남녀의 종류와 수[20]에 대해서 일정한 판단을 내리

---

19) 해마다 훈련된 졸업생의 수(과학자와 기술자를 합쳐서)는 최신의 자료에 의하면 대체로 영국은 13,000명, 미국 65,000명, 소련 130,000명이다.

고 있다. 나는 이 점을 간단히 언급할까 하는데 그들의 평가는 옳은 것으로 믿어진다. 우선 첫째로, 국가가 양성할 수 있는 최고급 과학자의 수에 대해서이다. 어느 나라나 이런 사람들의 수효는 적은 법이다. 학교나 대학만 있으면 그들에게 무엇을 가르치느냐는 것은 큰 문제가 되지 않는다. 그들은 자기 자신들이 감당해 나갈 것이다.[21] 영국은 그 비율에서 본다면 적어도 미국이나 소련과 비슷한 수를 가지고 있는 것 같고, 이 점에서는 거의 걱정할 필요가 없다. 둘째는 보조적인 연구, 고급의 설계나 개발에 종사하게 될 일급의 전문가에 대해서이다. 질적으로 볼 때 영국의 이 계층은 소련이나 미국과 대비시킬 수 있으며 영국의 교육은 특히 이 분야에 역점을 두고 있다. 그러나 양적으로 볼 때는 소련이 필요로 하며 또 실제로 소련에 존재하는 수의 절반(여기서도 인구 1인당)도 영국에서는 찾을 수가 없다. 셋째는, 자연 과학이나 기계공학의 우등 졸업 시험의 수준 정도가 그보다 약간 낮게 교육된 또 하나의 계층에 대해서이다. 이 중의 일부는 2급의 기술적인 업무에 종사하지만 어떤 이들은 인간에 관한 업무에 주로 책임을 맡게 될 것이다. 이들을 적재 적소에 사용하는 방법은 영국에서 지금까지 해오던 인재의 배치 방법과 다른 방식에 의하고 있다. 과학혁명이 진전함에 따라 이러한 인재

---

20) 소련의 대학 졸업 기술자의 3분의 2는 여성이다. 영국에서 여성을 과학적인 직업에 적합하지 않다고 보는 것은 큰 잘못의 하나라고 본다. 이런 모양으로 우리는 인재의 축적을 반으로 절감시키고 있다.
21) 20세기에 와서 많은 독창적인 과학자들이 어떠한 교육을 받았는가를 조사해 보는 것은 값진 연구가 될 것이다. 나의 느낌으로는 놀랄 만한 비율의 사람들이 케임브리지의 물리학 제2과정과 같은 엄격한 전통적 관문을 통과한 사람들이라고 보이지는 않는다.

를 요구하는 소리는 영국이 일찍이 상상도 할 수 없을 만큼── 소련에서는 예상하고 있었지만── 커갈 것이다. 그들은 수천 명을 필요로 할 것이며, 또한 대학 교육이 베풀 수 있는 모든 인간적 계발을 필요로 할 것이다.[22] 필경 바로 이곳에 우리들의 통찰력을 어둡게 만드는 요인이 숨어 있는 것이다. 마지막 네번째로서, 과학자가 어떤 것을 문제 삼고 있는가를 충분히 알 만한 과학적 지식을 구비한 정치가, 행정가 및 사회 전체에 대한 문제이다.

이상에서 말한 것들이 과학혁명의 명세서인 것이다.[23] 영국이 과학혁명을 맞이할 만큼 융통성이 풍부하다면 이보다 더 다행한 일은 없을 것이다. 이제 나는 세계적인 관점에서 가장 중요하다고 생각되는 문제로 나아가려고 하는데, 여기서 잠시 옆길로 가서 영국의 운명에 대해 언급하는 것을 용서하기 바란다. 여러 선진국 가운데서 영국은 장차 가장 불안한 위치에 놓여 있는 것 같다.

그것은 역사와 우연의 결과이지 지금의 어느 영국인의 책임도 아니다. 우리들의 조상이 재능 있는 사람들을 인도 제국에 돌린 대신에 산업혁명에 투자했더라면 우리들의 현재의 기초는 좀더

---

[22] 영국에서는 이런 사람들을 전문학교와 같은 제도에서 교육하는 경향이 있다. 이들에게는 열등학급이라는 레테르를 붙이고 있는데, 이보다 잘못된 생각은 없다. 우리는 종종 전문적인 의미에서 영국의 테크니컬 콜리지의 졸업생만큼 엄격한 교육을 받지 않았던 미국의 기술자를 만나게 되는데, 이 미국 기술자들은 사회적으로나 개인적으로나 자신감을 가지고 있다. 그 까닭은 대학 출신의 엔지니어들과 대등한 위치에서 사귀는 데 있다고 본다.

[23] 나는 대학의 인구만을 문제삼고 있다. 기능공의 종류와 수는 별개의 문제이며 또 매우 흥미 있는 문제이다.

건전해졌을 것임이 틀림 없다. 그러나 그들은 그렇게 하지 않았던 것이다.

영국은 자급 자족할 수 있는 인구의 2배나 안고 있다. 따라서 우리는 결국 프랑스나 스웨덴보다도 걱정되는 상태에 놓여 있다.[24] 게다가 천연자원도 매우 적은데, 세계의 다른 강대국에 비하면 거의 없다고 해도 과언이 아니다. 사실 우리가 가진 유일한 유산이 있다면 지혜라고나 할까. 이것은 두 가지 방향에서 상당히 우리들에게 도움이 되어 주었다. 우리는 처세술에 있어서 선천적으로나 후천적으로나 상당히 교묘한 성품을 구비하고 있다. 이것은 하나의 강점이 된다. 게다가 인구의 수에는 어울리지 않게 발명의 재능과 창조적 성품을 구비하고 있다. 나는 민족에 따라 현명함의 차이가 있다고 생각하지 않으며 다른 나라에 비해서 우리가 결코 우둔하다고 보지도 않는다.

이 두 유산이 주어진 가운데서, 그리고 우리의 것이라고는 오직 이것 밖에는 없지만 어쨌든 우리가 했어야 할 일은 먼저 과학혁명을 이해하며, 자기 스스로를 충분히 교육하며, 남에게 본을 보여 격려해 주는 일이었다. 과연, 우리가 이룩한 일이 없는 것은 아니다. 원자력 에너지와 같은 분야에 있어서는 아무도 예상하지 못한 일을 훌륭히 해낸 바 있다. 우리들의 패턴, 영국의 교육과 두 문화의 융통성 없는 고정된 패턴 속에서 우리 자신을 적응시키려 온건하면서도 부지런하게 노력해 왔다.

하지만 그것만으로는 결코 충분하지 못하다는 데 우리의 입맛은 쓴 것이다. 우리가 스스로를 교육하느냐 아니면 멸망하느냐

---

24) 물론 영국의 인구 집중도는 군사적으로도 불리하다.

라고 말한다는 것은 사실이라기보다는 다소 멜로드라마틱한 표현이 될 것이다. 스스로를 교육하느냐 아니면 우리들 자신의 생애에 있어서 영국이 급격히 멸망하는 것을 바라보겠느냐 한다면 거의 옳은 표현이 될 것이다. 하지만 기존의 패턴을 타파하지 않고서는 결코 그것을 수행할 수 없다고 나는 지금 확신하고 있다. 이것이 얼마나 어려운가를 나는 잘 안다. 그것은 이 나라의 거의 모든 사람들의 감정에 거슬린다. 한쪽 발은 이미 죽었거나 아니면 죽어가고 있는 세계에, 그리고 또 한쪽의 발은 어떠한 희생을 치르더라도 태어나는 것을 보아야 할 세계에 불안정하게 딛고 서 있으면서 나의 감정에 대해서도 그것은 여러 면에서 거슬릴 것이다. 하지만 우리의 정신이 가르쳐주는 바에 따를 만한 용기를 가지는 자신이야말로 바람직하다고 하지 않을 수 없는 것이다.

  나는 역사적인 신화 때문에 기분이 좋아지기보다는 슬퍼질 때가 더 많다. 그 신화가 진정한 역사냐 아니냐 하는 것은 문제가 되지 않는다. 그것은 나에게 중압감을 준다. 나는 베네치아 공화국의 마지막 반세기를 상기하지 않을 수 없다. 우리들과 마찬가지로 그들도 믿을 수 없을 만치 행복한 시절이 있었다. 우리들과 마찬가지로 그들도 우연히 부(富)를 누리는 때가 있었다. 우리들과 똑같이 그들도 놀라운 정치적 수완을 터득하고 있었다. 그들 중의 많은 사람들이 강건한 정신의 소유자들이며 현실적이며 애국적인 사람들이었다. 우리들이 이제야 분명히 느끼고 있는 것처럼 그들도 역사의 흐름이 그들과 맞서기 시작했다는 것을 알고 있었다. 그들 중의 많은 사람들이 역사의 흐름에 따라 길을 타개하려고 결심하였다. 그 결심이란 그들이 고정시켰던 패턴을 타파하는 것을 의미했을 것이다. 그러나 그들은 그 패턴을 좋아했다. 마치 오늘날 우리가 우리의 패턴을 좋아하고 있는 것처럼 그들은 그것을 타파할 만한 의지를 찾지 못했던 것이다.

4 부유한 자와 가난한 자

하지만 그것은 영국만의 문제이며, 우리로서는 그것을 극복하기만 하면 되는 것이다. 때로는 저 베네치아 공화국과 같은 어두운 그림자가 서구 전체를 뒤덮고 있지 않나 느껴졌고, 미시시피 강 저편에도 그림자가 드리워져 있는 것처럼 느껴지기도 했다. 좀 쾌활해졌을 때는 미국인들은 현재 우리들의 1850년에서 1914년경까지의 상태와 비슷한 데가 있다고 자위하기도 하였다. 그들은 아무것도 하지 않는 것 같으면서도 실제로는 이에 대응하는 태세를 취하고 있는 것이다. 소련인들과 마찬가지로 과학혁명을 맞이할 체제를 만들기 위해서는 끈질기고 참을성 있는 노력이 필요하지만, 그들이 그것을 해낼 기회는 충분히 있을 것이다.

그럼에도 불구하고 그것이 과학혁명의 주된 문제는 아닌 것이다. 주된 문제가 되는 것은 공업화된 나라의 국민들이 갈수록 부자가 되고, 공업화가 뒤늦은 나라의 국민들은 겨우 현상 유지에 급급하다는 데 있으며, 따라서 공업국과 비공업국 사이의 격차가 날이 갈수록 벌어지고 있다는 데 있는 것이다. 세계적인 규모에서 볼 때 이는 부자와 빈자의 격차를 이루게 한다.

부유한 나라로는 미합중국, 백인의 여러 공화국, 대영제국, 유럽의 대부분의 나라, 소련을 들 수 있다. 중국은 어느 편이냐 하면 아직 공업화의 언덕을 넘어서지 못하고 있으나 아마 넘어서는 중에 있다고 할 수 있을 것이다. 나머지는 모두 가난한 나라들이다. 부유한 나라에서는 평균 수명이 연장되고 식생활이 개선되며 노동 시간이 단축된다. 인도 같은 가난한 나라의 평균 수명은 영국의 절반밖에 기대할 수 없다. 인도인과 그 밖의 아시아 민족의 식량은 그 절대량에 있어서 1세대 전보다 더 적다는 자료가 나와 있다. 통계란 크게 믿을 것이 못되고, 국제연합식량농업기구(F.A.O.)의 보고자들도 통계를 너무 믿지 말라고 말해 주었다. 그러나 비공업국에서는 어느 나라를 막론하고 국민의 식량 사정이 겨우 살아갈 정도를 벗어나지 못하는 것 같다. 그리고 그들은 국민이란 일찍이 신석기시대부터 현대에 이르기까지 줄곧 일하지 않으면 안 된다는 듯이 일만 하고 있다. 지금까지 인류의 대다수의 생활은 불결하고 동물적이며 수명은 짧았다. 가난한 나라에서는 지금도 이와 다를 바가 없는 것이다.

　이러한 빈부의 불균형은 주목의 대상이 되어 있다. 특히 가난한 사람들에 의해서 가장 날카롭게 있는 그대로 주시되어 왔다. 바로 그들이 주시하고 있기 때문에 그것은 오래 계속되지 않을 것이다. 현재 이 세계에 존재하는 것 가운데서 서기 2000년까지 남는 것이 이것 저것 있다고 해도 그것만은 남지 않을 것이다. 현재와 같이, 부유하게 되는 계책이 무엇인지를 일단 터득만 한다면 세계의 절반이 부유하고 절반이 가난한 채로 지속된다는 것은 있을 수가 없을 것이다. 그것은 전적으로 불가능하다.

　서구는 이 변혁을 위한 원조에 착수하였다. 그러나 난처하게도 서구의 그 분리된 문화를 가지고서는 그 변혁이 실제로 얼마나 큰 것인지, 특히 그것이 얼마나 빠른지를 파악하기가 어렵다는 것이다.

앞서 나는 가속도(加速度)라는 과학의 개념을 확실히 이해하고 있는 비과학자는 드물다는 것을 언급한 바 있다. 나는 조롱하는 뜻으로 이 말을 했던 것이다. 그러나 사회적인 의미에서는 조롱 이상의 의미를 담고 있다. 20세기에 이르는 인류의 전 역사에 있어서, 사회적 변화의 속도는 매우 완만하였다. 너무나 완만했기 때문에 한 개인의 일생 동안에는 거의 느낄 수조차 없었다. 그러나 이제는 그렇지 않다. 변화의 속도가 그처럼 크게 증가되었기 때문에 상상조차 따라갈 수 없을 정도이다. 이 앞으로의 10년간은 지금까지의 10년 동안 볼 수 없었던 사회적인 변화가 반드시 일어나고야 말 것이며, 보다 많은 사람들에게 영향을 미치게 할 것이다. 다시 1970년대에는 보다 큰 변화가 있지 않으면 안 된다. 가난한 나라의 사람들은 이 단순한 개념에 사로잡혀 있다. 그들은 이제 자기의 일생 동안 그저 앉아서 기다리기만 하지는 않을 것이다.

1백 년이나 2백 년 내에 그들의 사정도 다소는 호전될 것이라는 거만스러운 보증의 말을 한다면 그것은 오직 가난한 사람들을 노하게 만들 뿐이다. 아시아나 아프리카 문제의 전문가들의 입을 통해서 지금도 듣는 것은 〈그네들을 우리의 수준까지 끌어올리자면 족히 5백 년은 걸릴걸, 뭐〉라는 말이다. 이러한 말은 그야말로 무분별하며, 기술에 대해 아무것도 모르는 자들의 말이다. 그리고 흔히 이런 말을 하는 자들은 구석기인도 5년쯤이면 따라갈 수 있는 인간들이다.

사실 그러한 변화의 속도가 이미 가능하다는 것이 밝혀졌다. 최초의 원자폭탄이 투하되었을 때 가장 중요한 비밀, 즉 원자폭탄이 될 수 있다는 비밀이 이제야 밝혀졌다고 어떤 사람이 말한 적이 있다. 그 후 뜻있는 나라들은 몇 년 걸려 원자폭탄을 만들 수 있었다. 이와 마찬가지로 소련과 중국의 공업화의 비밀은, 그들이 그것을 해냈다는 것이다. 바로 이 점을 아시아인이나 아프리카인들이 눈여겨보았던 것이다. 소련은 약간의 공업적인 기반 —— 제정 러시아의 공업도 무시할 수 없었다 —— 에서 출발하여 그 동안의 국내전과 두 번이나 치른 세계대전으로 방해를 받으면서 약 40년이 걸렸다. 중국은 그보다도 훨씬 못한 공업적 기반에서 출발하였지만 아무런 장애를 받지 않았으며, 공업화 달성에 소련보다 절반의 시일밖에는 요하지 않을 것으로 보인다.

이들의 변혁은 비상한 노력과 적지 않은 고통을 겪으면서 이루어진 것이다. 그 대부분의 고통은 불필요한 것이었다. 하지만 그 시대의 공포를 직시한다는 것은 어려운 일이다. 그러면서도 그 변혁은, 인간이란 누구나 내일의 즐거움을 추구하기 위해서는 놀라운 용기를 나타낸다는 것을 밝혀주었다. 오늘의 즐거움에 대해서 사람들은 별반 감격하지 않지만 내일의 즐거움에 대해서는 사람들은 흔히 숭고한 감정에 사로잡히게 된다. 또 이러한 변혁은 과학적 문화만이 취할 수 있는 여러 가지를 보여주었다. 그럼에도 불구하고 우리가 과학 문화를 취하지 않는다면 이는 우리를 어리석은 자로 만들 것이다.

간단히 말하면, 과학기술이란 어려운 것이 아니며, 사람이 그것을 배울 수 있고 그 결과를 예측할 수 있는 인간 체험의 한 분야라고 할 수 있다. 오랫동안 서구인들은 이것을 잘못 이해하고 있었다. 결국 많은 영국인들은 6세대 동안이나 기계 작업에 숙련되어 왔다. 그래서 기술이라는 것은 어찌됐든 간에 조금이라도 남에게는 전달될 수 없는 솜씨라고 스스로 믿고 있었다. 확실히 우리가 유리한 입장에서 출발한 것만은 사실이다. 그것이 전통에서 왔다기보다는 영국의 어린이들이 기계완구를 가지고 놀기를 즐기는 데서 온 것으로 나는 생각한다. 이 어린이들은 읽고 쓰기를 익히기 전에 벌써 응용 과학의 이것저것을 터득하고 있는 것이다. 이는 우리가 별로 활용하지 않고 있는 이점의 하나라고 할 수 있다.

마찬가지로 미국에서도 성인의 십중 팔구는 자동차를 운전할 줄 알며 어느 정도의 기계공 노릇도 할 수 있다는 이점을 가지고 있다. 지난번의 전쟁은 일종의 작은 기계들의 전쟁이었는데 위에서 말한 이점이 군사적으로도 큰 자산이었다. 소련은 주요 공업에서는 미국을 뒤따르고 있지만 미국처럼 자동차가 어디서 고장이 나더라도 곤란을 받지 않는 편리한 나라가 되려면 아직도 상당한 기간이 걸릴 것이다.[25]

그러나 이상하게도 그러한 것들은 별반 문제되지 않는 것 같이 보인다. 오늘날의 중국과 같은 큰 나라를 완전히 공업화하기

---

25) 고도로 공업화된 사회에서는 하나의 기묘한 현상이 나타나고 있다. 여기서 중요한 업무에 필요한 인재의 수는 공업화가 뒤진 다른 나라가 길러내는 수보다 훨씬 더 많으며, 이 점은 날이 갈수록 분명해질 것이다. 그 결과 현명하고 유능한 사람들은 비천한 직업을 떠나게 되며 따라서 사회 질서의 수레바퀴를 원활하게 회전시킬 수 없게 된다. 우편 서비스나 철도 서비스에 종사하던 사람들이 다른 직종의 교육을 받게 되면서 이런 직종들은 서서히 쇠퇴해 가고 있는 것 같다. 미국에서는 이미 이런 현상이 분명히 나타나고 있으며, 영국에도 그런 징조가 보이기 시작하고 있다.

위해서는 충분한 과학자, 기술자, 기능공을 양성하겠다는 의지만 있으면 된다. 의지와 짧은 세월이 있으면 된다. 과학을 습득하는 능력은 특정한 나라나 민족이 보다 뛰어나다는 근거는 없는 것이다. 오히려 모든 나라나 민족이 모두 동등하다는 증거가 많이 있다. 전통이라든지 기술적인 배경 같은 것은 뜻밖에도 거의 문제 되지 않는다는 것이다.

우리는 이 사실을 직접 우리의 눈으로 눈여겨 보아 왔다. 나 자신도 시칠리아 섬의 소녀들이 로마 대학의 물리학과 우등 과정(매우 엄격한 과정임)에서 상위권에 속하는 것을 본 일이 있다. 그녀들은 30년 전만 해도 퍼더(purdah, 집안에서 부녀자의 거처를 남의 눈에 띄지 않게 하는 휘장) 같은 것 속에 묻혀 산 존재들이었던 것이다. 그런데 나는 존 코크로프트가 1930년 초에 모스크바에서 돌아왔을 때의 일이 기억난다. 그는 연구소뿐만 아니라 그곳의 공장과 직공들도 보고 돌아왔다는 뉴스가 전해졌다. 우리가 무엇을 듣고 싶어했는지는 잊었지만, (제정 러시아 시대의) 농민들이 프레이스반(금속 절사 기계) 앞에 엎드려, 맨손으로 세로로 구멍을 뚫고 있다는 식의 서구인에게는 매우 귀중한 이야기를 즐겁게 기대한 사람들이 적지 않았을 것이다. 누가 코크로프트에게 그곳 숙련공들은 어느 정도였느냐고 물었다. 코크로프트는 본시 불필요한 말은 잘 하지 않는 사람이었다, 가령 〈사실은 사실이기 때문에 사실이다〉하는 식으로 〈글쎄요, 그들은 메트로빅의 숙련공과 거의 같아요〉라고 대답했다. 그것이 전부였다. 언제나 그렇듯이 그의 말은 옳았던 것이다.

과학혁명은 불가피하다. 인도, 동남 아시아, 남미, 중동에서 50년 이내에 과학혁명을 성취한다는 것이 기술적으로 가능하게 되었다. 서구인이 이 사실을 몰랐다면 그것은 구실이 될 수 없다. 그리고 또 과학혁명이야말로 우리의 앞길을 가로막는 3대 위협인 수폭전, 인구 과잉, 빈부 격차로부터 벗어날 유일한 방법이라는 것을 몰랐다고 해도 그것은 구실이 될 수 없다. 이는 최악의 범죄가 무죄라는 하나의 상황을 조성하는 것이 된다.

부유한 나라와 가난한 나라 사이의 격차는 제거시킬 수가 있기 때문에, 그 격차는 없어질 것이다. 우리들이 만일 우호라든지 공명 정대한 자기 이익이라는 것을 생각할 수 없을 만큼 근시안적이고 어리석다면, 이를 제거하는 데는 전쟁과 굶주림이 뒤따를지도 모르지만 어쨌든 제거될 것이다. 문제는 누가 어떻게 이를 제거하느냐이다. 이 의문에 대해서 우리는 다만 부분적인 해답을 줄 수밖에 없지만 그 해답은 우리로 하여금 충분히 생각하도록 하게 할 것이다. 세계적 규모에서 수행되는 과학혁명은 무엇보다도 첫째로 자본, 기계 자본을 포함한 모든 자본을 필요로 한다. 가난한 나라는 일정한 공업 곡선의 점을 통과할 때까지는 자본을 축적할 수가 없다. 이것이 바로 빈부의 격차를 넓히는 이유가 된다. 자본은 밖으로부터 들어오지 않으면 안 된다.

자본의 원천은 두 가지 길밖에는 없다. 그 하나는 미국을 위주로 하는 서구이며, 또 하나는 소련이다. 미국도 이 자본 원천이 무진장 있는 것은 아니다. 미국이나 소련이 이를 단독으로 행하려 한다면 전시 중에 하던 공업적인 노력 이상의 비상한 노력을 필요로 할 것이다. 만일 이 두 나라가 합세한다면 희생 정도로 그칠 것이다. 혹자는 이를 가리켜 전혀 희생이 되지 않는다고 생각하는 이도 있지만, 나의 생각으로는 그건 좀 낙관적인 견해인 것 같다. 원조 활동은 반드시 국가적인 규모에서 이루어져야 할 필요가 있을 것이다. 아무리 방대한 기업체일지라도 개인적인 기업은 이에 개입할 수도 없고, 상업상의 리스크로 감당할 문제도 아닌 것이다. 이는 마치 1940년대 듀퐁이나 I.C.I.(영국 화학 공업 합동 회사)에게 원자탄의 전 개발 사업에 투자하도록 요청하는 것과 같은 일이 될 것이다.

자본 다음으로 자본만큼 중요한 것은 사람이다. 즉, 외국의 공업화를 위해서 자기 생애의 10년간을 헌신할 만한 유능한 과학자와 기술자가 필요한 것이다. 여기서 미국과 우리들이 이 점을 잘 분간하고 생각해 두지 않는다면 소련이 유리한 자리를 차지하고 말 것이다. 여기에 소련이 지금까지 교육 정책상 막대한 투자를 해온 이유가 있는 것이다. 그들이 필요로 한다면 그럴 수 있는 인적 자원의 여유를 보유하고 있는 것이다. 영국은 그러한 인적 자원을 현재 가지고 있지 않으며, 이 점에서는 미국도 별로 나을 것이 없다. 예를 들어, 영국과 미국 정부가 협동하여 인도에 중국 정도 규모의 큰 공업화가 이루어질 수 있는 원조에 착수했다고 하자. 그리고 자본도 마련되었다고 하자. 그 다음으로 일을 진행시키기 위해서는 미국과 영국으로부터 1만 명에서 2만 명의 기술자가 필요하게 될 것이다. 그러나 현재의 우리로서는 이 요구에 부응할 수가 없는 것이다.

우리가 아직도 확보하지 못하고 있는 이 기술자들은 과학적인 교육뿐만 아니라 인간적인 교육도 받을 필요가 있다. 이 기술자들은 가부장적인 태도를 불식하지 않는 한, 그들의 업무를 수행해 나가지 못할 것이다. 성 프랜시스 사비에르에서 슈바이처에 이르기까지 많은 유럽인이 아시아인이나 아프리카인을 위해서 그들의 생애를 바쳤다. 그들의 행동은 고귀한 것이었지만 그 태도는 가부장적이었다. 이제부터 아시아인이나 아프리카인들이 환영하려는 사람은 이런 부류의 유럽인이 아니다. 그들이 원하는 사람은 같은 동료로서 함께 흙투성이가 되며, 알고 있는 것은 모조리 전해 주고, 올바른 기술적인 일을 한 다음에는 돌아가는 그런 사람이다. 다행히도 이런 것은 어느 과학자에게서도 쉽게 찾아낼 수 있는 태도이다. 과학자는 다른 사람보다 인종적 편견이 적으며 그들이 갖는 문화는 그 인간 관계에 있어서 민주적이다. 그들이 타고난 내적 기질로서 인간 평등이라는 미풍이 노르웨이에서의 미풍처럼 당신의 얼굴에 부딪칠 것이다.

과학자들이 아시아와 아프리카의 전역에서 우리를 위해 일을 잘 할 수 있다는 이유도 바로 여기에 있는 것이다. 게다가 그들은 과학혁명의 제3의 요소를 위해서도 큰 역할을 다할 것으로 본다. 이 제3의 요소는 특히 인도와 같은 나라에서는 자본 투자와 최초의 원조와 나란히 행해져야 할 것이다. 그 제3의 요소란 중국에 있어서와 같은 완전한 교육 계획을 말한다. 이는 10년 안에 중국의 대학을 변혁시킬 것이며, 새 대학을 많이 세웠기 때문에 그들은 이제 외국의 과학자나 기술자에 거의 의존하지 않게 된 것 같다. 10년! 영국과 미국으로부터 과학 교사, 그리고 또 하나 필요한 영어 교사를 받아들인다면 다른 가난한 나라에서도 20년 걸리면 중국과 같은 정도로 성취할 수 있으리라고 본다.

이상이 이 문제의 전체적인 모습이다. 막대한 자본 투자, 아직도 서구가 마련하지 못한 과학자와 어학자라는 인재의 대량 투자, 그러면서 가까운 장래에는 일을 한다는 것 밖에는 보상 같은 것은 생각도 할 수 없고 장기적인 견지에서도 확실하지 않은 보상을 각오하면서 말이다.

　실제로 개인적으로도 질문을 받은 바 있지만, 사람들은 나에게 다음과 같은 질문을 던질 것이다. 〈그것은 매우 훌륭하고 방대한 계획입니다. 선생은 실질적인 분이라고 듣고 있습니다. 선생은 정치의 세밀한 구조에 관심을 가지며, 인간이 그의 목표를 추구함에 있어서 어떻게 행동하느냐에 대해서도 상당한 연구를 하신 것으로 알고 있습니다. 선생은 인간이란 어떻게 행동해야 한다고 들은 대로 행동하리라고 믿고 있습니까? 미국이나 영국과 같은 의회 제도의 나라에서 이러한 계획이 실행에 옮겨지기 위해서는 어떤 정치적 기술이 필요하다는 것을 생각해 본 일이 있습니까? 정말 10분의 1이라도 실현될 만한 확률이 있다고 믿고 있습니까?〉

　이는 매우 좋은 의견이다. 나는 모른다고 대답할 수밖에 없다. 한편으로는 이른바 실제적인 사람이 특히 인간의 이기주의, 취약점, 허영, 권력 추구 등에 대해서 말했을 때, 인간에 대해서 더는 말할 것이 없다고 생각하기 쉬운데 이는 물론 잘못된 생각이다. 하기야 인간은 그런 것인지도 모른다. 인간이란 건축에 필요한 벽돌과 같은 것이고 이를 자기 본위의 척도로 측정할 수 있을 것이다. 하지만 인간은 때로는 그 이상일 수도 있고, 그 점을 이해하지 못할 〈현실주의〉라면 그건 대수로운 것이 못될 것이다.

　또 다른 한편으로 내가 다음과 같은 점을 고백하지 않는다면 나는 정직하지 못한 사람이 될 것이다. 그것은 서구의 훌륭한 인간적 능력을 실현시킬 수 있는 정치적 기술이 무엇인지를 나는 모른다는 것이다. 고작 우리가 할 수 있는 것은 잔소리를 늘어 놓는 정도이다. 우리의 불안을 완화시키는 방법치고는 지나치게 손쉬운 방편인지도 모른다. 어째서 그러냐 하면 비록 우리가 해야 할 일을 어떻게 할지를 모르고, 대체 무엇을 할 것인가도 모른다고 해도, 우리가 그것을 하지 않는다면, 머지 않아 공산국가가 그 일을 하리라는 것을 나는 확실히 알고 있기 때문이다. 그들은 자기 나라는 물론이고 다른 나라의 희생을 무릅쓰고라도 그 일을 하고야 말 것이다. 그렇게 되는 날에는 실제적인 면에서나 도의적인 면에서나 우리는 패자가 될 것이다. 잘 해야 서구는 다른 세계의 접경 지역이 될 것이고, 영국은 접경 지역의 접경 지역으로 떨어지고 말 것이다. 우리는 이렇게 체념만 하고 있을 것인가? 역사란 실패에 대해서는 무자비한 법이다. 만일에 그런 일이 일어난다면, 어찌되었던 우리의 역사는 계속되지 않을 것이다.

 하지만, 분별 있는 사람이 할 수 있는 단계가 있다. 이 문제에 대해서 교육이 모든 것을 해결한다고 보지는 않지만, 교육을 제쳐놓고서는 서구는 대항조차 할 수 없는 것이다. 모든 화살은 같은 방향을 가리키고 있다. 우리들의 두 문화 사이의 간격을 메운다는 것은 가장 실제적인 의미에서나, 가장 추상적이고 지적인 의미에서나 필수 불가결한 과제인 것이다. 이 두 문화가 갈라진다면, 어떠한 사회도 지혜롭게 사고할 수가 없게 될 것이다. 지적인 생활을 위해서, 이 나라의 특이한 위기를 위해서, 가난한 사람들에 둘러싸여 불안에 떨면서 부유한 생활을 하고 있는 서구 사회를 위해서, 세계가 사리를 잘 분간하기만 한다면 가난할 이유가 없는 가난한 사람들을 위하여, 우리들과 미국인들과 전 서구인들이 교육이라는 것을 참신한 눈으로 돌이켜 본다는 것이 의무인 것이다. 이 점은 우리들과 미국인들이 서로 배워야 할 많은 것 중의 한 케이스가 된다. 우리가 자존심의 포로가 되지 않는다면, 소련에서 배울 점이 많다. 물론, 소련도 우리에게서 배울 점이 많을 것이다.

    그렇다면 지금이야말로 시작할 때가 아닌가? 위험한 것은 우리가 이 세계에서 얼마든지 시간을 가진 듯이 생각하는 교육을 받아 왔다는 데 있다. 우리에게 남겨진 시간은 아주 적다. 그처럼 적기 때문에 나는 함부로 말하지 않으려고 한다.

II 두 문화 : 그 후의 고찰

1

   1959년 5월, 내가 케임브리지에서 리드 강연을 한 지 4년이 넘었다. 그때 내가 선정했던 주제는 우리 몇몇 사람들이 한때 이미 토론한 문제였다. 내가 기껏 바랐던 것은 다음의 두 가지 문제에 대해서 새로운 움직임이 일어나도록 자극하는 일이었다. 첫째는 교육에 대해서이며, 둘째는 부유하고 특권을 누리고 있는 사람들로 하여금 불행한 사람들에게 깊은 관심을 갖게 하려는 것으로서, 후자에 관해서 강연의 후반에서 말한 것은 언제나 내 마음속에 중요한 자리를 차지하고 있었다. 나는 기대를 많이 걸지는 않았다. 이미 여러 사람이 비슷한 말을 한 바 있고, 나로서도 한번 발언할 시기라고 생각되었던 것이다. 아마 내 견해는 어떤 제한된 서클에서 논의될지도 모르며, 그로부터 오래지 않아 그 효과도 소멸될 것이며, 이만큼 깊이 개입한 이상 적당한 시기에 또 한마디 첨가할 필요를 느끼게 되리라. 내가 생각한 것은 이런 정도였다.

한동안 그건 적절한 예측인 것처럼 생각되었고, 강연이 끝난 후, 관례에 따라 강연은 팸플릿으로 출판되었다.[1] 비록 신문의 사설란에서 언급된 적은 있었지만 처음에는 이에 대한 논평이 별로 많지는 않았다. 선전도 없었고 또 있을 수도 없었다. 《인카운터》지가 긴 발췌를 실었는데,[2] 이것이 몇몇 논평을 유발시키는 계기가 되었다. 흥미 있는 독자의 편지를 많이 받기도 하였다. 나는 이것으로 문제가 끝난 것으로 생각했던 것이다.

그러나 일이 그렇게 끝나지는 않았다. 강연 후 첫해가 끝나갈 무렵에 나는 마법사의 제자처럼 불쾌한 기분에 싸이기 시작하였던 것이다. 논문, 조회, 편지, 비난, 찬양이 일시에 쏟아져 나왔으며, 특히 그런 강연을 하지 않았더라면 나 같은 사람을 알 턱이 없는 나라에서 온 것이 많았다. 뒤에서 설명을 하겠지만, 사실 그런 현상은 모두 나와는 별로 관계가 없는 일이었던 것이다. 그건 즐겁다기보다는 기묘한 체험이었다. 문헌은 가속적으로 쌓여갔으며, 물론 나는 누구보다도 그것들을 더 많이 눈여겨보았다고 믿는다. 그렇다고 전부를 본 것은 아니다. 값진 논의들이 보통 영국 사람으로서는 접근할 수 없는 말, 폴란드어와 헝가리어, 일본어로 이루어졌다는 것을 듣고 좌절감 같은 것을 느꼈다.

문헌이 홍수처럼 밀려옴에 따라 두 가지 점이 자명해졌다. 그

---

1) 이 강연은 미국에서는 두꺼운 표지의 책으로 출판되었다(케임브리지 대학 출판부, 1959).
2) 《인카운터(Encounter)》지, 1959년 5월호 및 그 이후의 호.
  역주: 그 일부는 이 번역본에 수록되어 있다.

첫째는 세계 여러 나라의 여러 지식인 사회에서 거의 동시에 흥분을 일으켰다는 것은 이 반응을 일으키게 한 사상이 결코 독창적인 것이 될 수 없다는 것이다. 독창적 사상이란 그렇게 빠른 속도로 전파되는 것은 아니기 때문이다. 흔히 있는 일이지만, 사람들은 자기가 새로운 중요한 것을 발언했다고 생각하고 싶어하고 어디서 그것을 돌연 인정해 주지나 않을까 하는 희망을 걸고 몇 해고 헛된 기대를 가지고 기다린다. 그러나 나의 경우는 그와는 전혀 다른 것이다. 분명히 이미 많은 사람들이 이런 주제에 대해서 생각하고 있었다. 그런 사상은 막연하나마 존재하고 있었던 것이다. 다만 어디서 누군가가 표현의 형식을 선택하기만 하면 되었던 것이다. 그 다음에는 짤까닥 소리내어 방아쇠를 당기면 되는 일이었다. 말은 정확해야 할 것까지는 없지만 반드시 아무도 예측할 수 없는 그 발언의 시기는 적절해야 한다. 그렇게 될 때, 마법사의 제자에게 남겨진 일은 흐르는 물을 바라보는 일이다. 다른 사람들이 이러한 마법사의 제자와 같은 입장에 먼저 서지 못한 것은 순전히 우연일 뿐인 것 같다. 1950년대에 자콥 브로노프스키(J. Bronowski)는 이러한 문제의 여러 측면에 대해서 풍부한 상상력을 구사하면서 여러 번 언급한 바 있다.[3]

뒤늦게 안 일이지만 멜르 클링(M. Kling)은 1957년에 내 강연 전반의 내용을 앞지른 듯한 사상이 담긴 논문을 쓴 바 있다.[4] 또한 피터슨과 같은 교육을 전문으로 하는 사람도 같은 사상적 견해를 쓴 바 있다. 1956년[5]과 1957년[6]에 나도 두 편의 논문을

---

[3] 브로노프스키, 『1984년의 교양인(The Educated Man in 1984)』. 이것은 대영 과학진흥협회 교육부의 1955년의 폐회사임.
[4] 클링, 《뉴 리퍼블릭(New Republic)》(1958년 4월 8일).

쓴 적이 있다. 이 두 편은 모두 리드 강연보다는 짧지만 그 중의 많은 재료를 포함하고 있다.

그러나 우리들은 이렇다 할 반응을 얻지 못했다. 2년 후, 때는 무르익고 있었으며, 우리 중의 누구라도 한바탕 소란을 일으킬 만한 분위기가 조성되고 있었던 것이다. 이것은 바로 19세기에 경건하게 불리던 시대정신(Zeitgeist)이라는 것의 신비스러운 작용을 상기시키는 바가 있다.

따라서 첫째의 추론은, 이 사상은 결코 독창적이라고 할 수 없고, 막연하나마 그 출현을 기다리고 있었다는 것이다. 둘째의 추론도 이와 마찬가지로 명백하다고 생각되지만, 그 사상에는 중요한 것이 포함되어 있다는 것이다. 그것들이 반드시 옳다는 것도 아니며 또 좀더 다른 적절한 형식으로 표현되지 못했음을 말하려는 것도 아니다. 그러나 그 속에는 세계 도처의 사람들이 오늘날의 행동과 관계된다고 생각되는 것이 포함되어 있고 저변에 내재해 있다는 것이다. 그것은 내가, 브로노프스키가, 클링이, 혹은 그 어느 누가 말하든 상관없었을 것이다. 복잡한 논의가 시작되고 또 계속되어 갈 것이다. 하지만 그것은 우연히 나타날 수는 없었으며, 아마 한 개인의 영향으로도 일어날 수 없었을 것이다. 이 문제들을 다룸에 있어 개인으로서 우리는 아무런 의미가 없는 것이다. 다만 문제 그 자체에 의미가 있는 것이다.

비판의 분량은 굉장히 많아졌다. 어떤 이들은 찬성을 표시하였고 어떤 이들은 중립, 또 어떤 이들은 못마땅해 하였다. 그 중의 많은 비판을 나는 존경하지만, 다른 어떤 논의에서도 언제

---

5) 《뉴 스테이츠맨》, 1956년 10월 6일.
6) 《선데이 타임스》, 1957년 3월 10일, 17일.

나 그래 왔듯이 이번 경우에도 개별적인 비판에 일일이 답변하지는 않았다. 특정한 논점에 즉각적인 토론을 개입시킨다는 것은 그만큼 사람의 마음을 밀폐시키는 결과가 될 것이다. 토론은 사고하는 것보다는 심리적인 만족을 주지만 우리들이 진리에 접근해 가는 기회를 빼앗는다. 앉아서, 여러 분분한 논의들이 가라앉기를 기다린다. 그건 쉬운 일은 아니지만 나로서는 바람직한 태도라고 생각한다. 그래서 오랜 기간을 두고 새로운 견문과 지식을 터득한 다음에, 만일 다시 강연을 한다면 어떤 수정을 가해야 할까를 생각하는 것이 바람직할 것 같다. 이것이 지금 내가 취하고 있는 방법이다. 앞으로도 이런 방식을 유지해 가려고 한다. 그리고 만일 이에 무엇인가 덧붙이고 싶다고 생각될 때는 잠시 그 문제를 떠날 것이다.

지금까지의 논의 가운데서 이상한 표현으로 된 것이 하나 있었는데, 이에 대해서 간단히 언급해 두려고 한다. 극히 소수의 비판 가운데는 비정상적인 개인적 중상이 포함되어 있었다. 어떤 한 예의 경우는 그 중상의 정도가 너무 지나쳤기 때문에 서로 다른 두 발행소[7]로부터 그 출판에 책임을 가진 사람들이 별도로 나에게 승인을 요구해 왔다. 나는 그들에게 법적으로 고소하지 않겠다는 것을 확약하지 않으면 안 되었다. 나로서는 이 모든 것이 정말 뜻밖의 일이었다. 어떠한 논쟁에도 신랄한 말들이 튀어나오기 마련이지만, 적어도 나의 경험에 비추어 볼 때, 그

---

7) 내가 여기서 언급하고 있는 것은 리비스(F.R. Leavis), 「두 문화? C.P. 스노우의 의의」를 가리킨다. (처음에는 《스펙테이터》(1962년 3월 9일)에 발표되었고, 1962년 10월에 두꺼운 표지의 단행본(*Chatto and Windus*)으로 재차 발행되었다.)

러한 말들이 거의 중상에까지 이른다는 것은 흔한 일이 아니다.

  하지만 이러한 경우에 어떠한 태도를 취할 것이냐의 문제는 간단히 해결된다. 지금 내가 활자를 통해서 일종의 병적인 시체애호증환자(내가 아는 한, 아직 시도된 바 없는 두 말을 생각한 바 있어 선택해 보았다)라고 불리고 있다고 하자. 나는 두 가지 방법으로 행동을 취할 수 있다. 첫째로 내가 일반적으로 따르고 싶은 방법은 문자 그대로 아무것도 하지 않는다는 것이다. 둘째는 참을 수 없을 만큼 귀찮아질 때 법적으로 호소하는 방법이다. 정상적인 사람으로는 상상도 할 수 없는 행동의 방법도 있을 것이다. 즉, 이 논점들을 진지하게 문제삼으면서 자기는 다른 사람의 글을 단 한 편도 훔친 일이 없다는 것을 삭스 씨나 해로즈 씨의 증언으로 증명서를 만든다든지, 왕립협회의 16인의 특별회원, 인사원 총재, 항소 법원의 판사, M.C.C. 회장의 서명으로 그들과의 반평생의 교우를 통해서, 비록 주연이 있었던 밤에도 무덤 근처에 배회한 적이 한번도 없다는 증명서를 만드는 일이다.

  하지만 그런 응답은 바람직한 것이 못 된다. 이는 그 중상자와 같은 심리적 틀 속으로 들어가는 것이 된다. 이런 상황은 용서를 받을 권리를 갖고 싶어하는 법이다.

  다행히도 우리들의 이론은 그러한 특수한 정신의 소유자의 비판이나 그에 따르는 것을 무시해도 손해를 보지는 않는다. 왜냐하면 그들의 비판이 내포하고 있는 정도의 학문에의 기여라는 것은 다른 이들에 의해서 예의바르고 진지하게 이루어지고 있기 때문이다.

  적당한 시기가 오면 모든 것이 밝혀지게 될 것이다. 교과서에 나오는 어떤 심리적인 상태의 영향에 관한 예는 언제나 편리하게만 나타나는 것은 아니지만, 문학의 이 분야에서는 허다하게 존재하고 있다. 어떤 적대적 감정에서 독서라고 하는 육체적 행동의 수행이 불가능하다는 것이 있을 수 있을까? 여기에 그 증거가 있는 것이다. 나의 당초의 강연은 짧은 것이었다. 본문도 간단하였다. 대다수의 사람들은, 특히 증오심이 가득 찬 가운데서 공격을 가하고 있을 때는, 똑바로 인용문을 올바르게 취하는 것이 고통스러울지 모른다. 그러나 이런 일은 일어나지 않았다. 이 이야기 전체가 기괴하지만 나로서는 좀 기괴하다고 느껴지는 예를 몇 가지 들어보겠다. 그 중에서도 가장 조잡했던 예를 들어 보겠다. 리드 강연에서 내가 저지른 잘못은 〈우리는 홀로 죽어간다(We die alone)〉라는 구절을 사용한 데 있다고 되어 있다. 이 구절은 출판인이 나의 보장을 요구했던 출판물뿐만 아니라,[8] 그에 뒤따라 출판된 것 속에서도[9] 인용되고, 괴롭히고 있다. 이 인용 구절이 10회나 반복되었는데도 나는 덧셈조차 할 수 없었다.

그런데 대체 이 인용 구절은 어디서 따온 것일까? 눈을 크게 뜨고 리드 강연의 본문을 주의 깊게 보아주기 바란다. 그런 구절은 결코 찾을 수가 없을 것이다. 그것은 어느 곳에도 없다. 그런 구절이 있다면 오히려 놀라운 일이 될 것 같다. 왜 그런가 하면 나는 극단적으로 특이한 것을 말하려 했기 때문이다. 이런 표현을 하려고 할 때, 복수형을 택할 사람은 없을 것이다. 기묘하게도 영어는 이런 요구에 잘 응해주지 않는다. 〈사람은 홀로

---

[8] 리비스, 같은 책.
[9] 《스펙테이터》(1962.3.23) 및 그 후의 호. 다른 예는 그 후의 문헌에 나온다.

죽어간다(One dies alone)〉라는 표현도 정확하지 않다. 결국, 좀 어색한 표현이긴 하나, 내가 뜻한 바를 전하는 것으로는 〈우리들은 누구나가 홀로 죽어간다(Each of us dies alone)〉라는 구절을 사용하지 않을 수 없었다.

그런데 이러한 생각은, 강연 내용의 사상과 마찬가지로 독창적인 것은 아니다. 그것은 몇 세기 동안 내성적인 사상, 특히 내성적인 종교 사상에서 사용되어 왔다. 내가 아는 한에서는 파스칼(B. Pascal)이 처음 한 말이다. 〈사람은 홀로 죽어간다(On mourra seul).〉

이런 종류의 연구에 대해서는 후일에 견해를 발표할 날이 오겠지만, 지금은 하고 싶지 않다. 중요한 것은 논의 가운데서 가능한 한 인신 공격을 제외시키는 일이다. 이제부터 내가 쓰려는 이 글에서도 이 점을 명심하려고 한다.

이미 말한 바와 같이, 내가 이제 할 수 있는 가장 유익한 일이 있다면 그것은 당초에 내가 썼던 것을 다시 한번 고쳐보는 일이다. 즉, 이에 대한 지금까지의 찬성과 반대의 소리, 그리고 올바른 각도에서 논의된 의론에 비추어 바라보며, 나아가서는 새로운 과학적·사회학적·역사적 지식의 도움을 받아서 바라보는 일이다. 연구가 진전되어 감에 따라 이 새로운 지식은 적어도 이 문제에 대한 의견이 아니라 해답을 주는 데 도움이 될 것이다.

2

그 강연에서 나는 되도록 서술을 단순하게 하였다. 행동과 관계되는 서술이란 단순해야 한다. 평범한 것을 어렵게 말하려는 데서 잘못이 일어나게 된다. 거기서 나는 서술에 제한을 두었으며 그 중의 몇 가지에 대해서 설명을 가하려고 하였다. 그러나 이 자리에서는 그 제한과 설명을 제쳐놓고 될 수 있는 대로 냉정하게 강연의 핵심을 고쳐 말해 볼까 한다.

요컨대 선진국인 우리 서구 사회는 공통의 문화라는 것을 요구하는 소리마저 잃고 말았다. 우리가 아는 최고의 교육을 받은 사람들은 이미 그들의 주된 지적 관심의 분야에서는 상호간에 의사 소통을 할 수 없게 되었다. 이는 우리들의 창조적 생활, 지적 생활, 그리고 무엇보다도 우리의 정상적인 생활을 위해서 심각한 문제가 된다. 그로 말미암아 과거를 잘못 해석하게 되고, 현재를 잘못 판단하며, 미래의 희망마저 거부하게 된다. 이는 우리로 하여금 적절하게 행동하기를 곤란하게 또는 불가능하게 만들고야 만다.

나는 이러한 의사 소통이 결여된 가장 두드러진 예를 내가 이름붙인 이른바 〈두 문화〉라는 것을 대표하는 그룹의 사람들이라는 모양으로 표시했던 것이다. 그 한쪽은 과학자들로서 그들의 중요성, 업적, 영향은 새삼스럽게 강조할 필요도 없었다. 또 한쪽은 문학적 지식인을 말한다. 여기서 나는 문학적 지식인이 서구 세계의 주요한 의사 결정자로 행세한다고 말하려던 것은 아니다. 내가 말하려던 것은 인문계의 지식인은 비과학적인 문화의 풍조를 대표하며, 그것을 읊조리며, 어느 정도 그것을 형성시키며, 그것을 예언한다는 것이었다. 그리고 그들이 결정자는 아니지만 결정을 내리는 사람들의 마음속에 침투해 들어가고 있다는 것이다. 이 두 그룹, 즉 과학자와 인문계 지식인들 사이에는 거의 커뮤니케이션이 없고, 상호 이해보다는 일종의 적의 같은 것을 품고 있다.

나는 우리의 현상태 내지는 그 대체적인 일차적 근사치를 그려보려고 했던 것이다. 이와 같은 현상태를 나는 몹시 싫어했고, 그 점을 나는 분명히 밝힌 것으로 생각했었다. 그런데 뜻밖에도 어떤 비평가들은 마치 내가 그런 상태를 동의하는 것처럼 상정하고 있는 데는 놀라지 않을 수 없으며, 실러(J.C.F.v. Schiller, 1759-1805)[10]가 남긴 말을 언급하면서, 거기서 도움을 받을 수밖에 별도리가 없을 것 같다.

이를 요약하면, 물론 완전한 해답은 없다. 우리들의 시대, 또 우리들이 예측할 수 있는 시대에 있어서의 여러 조건 밑에서는 르네상스 시대의 인간을 찾는다 해도 불가능할 것이다. 그렇지만 우리는 무엇인가 할 수 있을 것이다. 우리에게 열려진 중요한 수단은 교육이다. 교육이라고 해도 주로 초등학교, 중학교 그리고 단과대학, 종합대학교의 교육을 말한다. 그렇다고 해서 다음 세대의 후손들도 우리들 모양으로 말할 수 없이 무지하고, 이해나 공감이 결여된 상태로 방치해도 좋다는 구실은 있을 수가 없는 것이다.

3

처음부터 〈두 문화(the two cultures)〉라는 표현에 대해서 항의

---

10) 신들도 우둔한 자에게는 어쩔 수 없으리라(Mit der Dummheit Kämpfen Götter selbst Vergebens. 희곡「오르데안의 소녀」, 3장 6막).

를 받았다. 〈문화(culture)〉 또는 〈문화들(cultures)〉이라는 말에 대해서도 줄곧 반대 의견이 있었고, 특히 문제된 것은 둘이라는 수였다(정관사(the)에 대해서는 아무도 불평하는 이가 없는 것 같다).

보다 깊은 논의에 들어가기에 앞서 이들의 용어상의 문제에 대해서 한마디 해두어야 하겠다. 내가 택한 표제에 있어서의 〈문화〉라는 말은 두 가지 뜻을 가지며 양쪽 모두 이 주제에 적용될 수 있다. 첫째로 〈문화〉라는 말은 사전에서 정의된 바와 같은 의미, 즉 〈지적인 계발, 정신의 계발〉을 의미한다. 여러 해 동안 이 정의는 때로는 깊고, 애매한 여러 가지 의미를 가지게 되었다. 이 말의 세련된 사용법을 찾아낼 만한 사람은 별로 없을 것 같다. 만일 누가 문화란 무엇이냐고 묻는다면 우리들이야말로 거기에 해당된다고 할 수 있다.

그러나 그것이 인간의 약점을 나타내는 한 예라고 하더라도, 그리 문제될 것은 없다. 문제되는 것은 콜리지(S.T. Coleridge, 1772-1834) 이래의 어떤 세련된 정의도 〈전통적인〉 정신적 계발뿐만 아니라, 과학자가 그의 전문적인 직업을 수행해 가는 과정에서 성취하는 과학적인 계발에도 최소한 같은 정도로(그리고 불완전하게) 통용될 수 있다는 것이다. 콜리지에 의하면 〈문화(culture)〉라고 말해야 할 자리에 〈교양(cultivation)〉이라는 말을 쓰며, 그것을 그는 〈인간성의 특징을 이루는 성질과 능력의 조화있는 계발〉[11] 이라고 정의하였다.

물론 우리가 그것을 어떻게든 해내지는 못한다. 사실, 인문적 문화이건, 과학적 문화이건 그것들은 준 문화(sub-culture)의 이

---

11) 콜리지(Samuel Taylor Coleridge), 『교회와 국가의 구성에 대하여(On the Constitution of Church and State)』 제5장.

름에 해당되는 데 지나지 않는다. 〈우리 인간성의 특징을 이루는 성질과 능력〉, 자연의 세계에 대한 호기심과 사상을 일련의 기호로서 표현하는 것은 인간의 모든 성질 가운데서도 가장 귀중하며 가장 인간다움을 나타내는 것들이다. 정신 계발의 고전적 방법은 위에서 말한 두 인간적인 특성을 쇠약하게 만들었다. 거꾸로, 과학 교육은 우리들의 표현의 능력을 약화시키고 있다. 기호로서의 언어는 화려한 역할이 주어지고 있는 데 반해서, 표현으로서의 언어는 그렇지 않다. 양쪽이 모두 인간의 천성의 위대성을 과소평가하고 있다.

그러나 문화라는 말을 엄정하게 사용한다고 해서 과학자들에게 그것을 거꾸로 한다고 하면 이는 전적으로 상상력의 결여이든가 아니면 완전한 무지에 의한 것일 것이다. 이러한 무지는 구실도 될 수가 없다. 과학의 탐구에 고유한 지적·심미적·윤리적인 가치를 드러낸 많은 문헌이 현대의 가장 아름다운 산문으로 쓰어진 지도 벌써 한 세대 이상이나 경과하였다(화이트헤드 (A.N. Whitehead)의 『과학과 근대세계』, 하디의 『어느 수학자의 변명』, 브로노프스키의 『과학과 인간가치』를 참조해 보라). 지난 10여 년 동안의 저서 가운데도 귀중한 통찰이 담긴 문헌들이 도처에 산재해 있다. 니담(J. Needham), 툴민(G.R. Toulmin), 프라이스(D.K. Price), 뉴먼(J.R. Newman) 같은 이들의 이름이 떠오르지만 이들은 다만 그 중의 적은 일부에 지나지 않는다.

이 문제에 기여한 사람 가운데서 가장 참신한 브로노프스키는 신중하게 과학이나 문학의 어느 쪽에도 〈문화〉라는 말을 쓰기를 피하면서 그의 표제를 〈두 세계 사이의 대화〉라고 붙였다. 나로서는 문화라는 말이 여전히 적절하며 분별 있는 사람들에게는 그 내용이 잘 들어맞는 것으로 믿고 있다. 다만 문화라는 말을 고집함에 있어 다소 과장한 바가 없지는 않았지만 내가 전달하고자 했던 취지를 다시 한번 되풀이하려고 한다. 즉, 정신 계발의 과학적 체계도 전통적 체계도 그것만으로는 우리들의 잠재능력, 우리가 앞으로 갖게 될 일, 우리가 앞으로 살게 될 세계를 위해서는 적합한 것이 못 된다는 것이다.

〈문화〉라는 말은 내가 강연에서 분명히 지적한 바와 같이 제2의 기술적인 의미를 갖는다. 그것은 인류학자들에 의해서 사용된 것으로서, 생활상의 공통된 관습, 공통의 전제, 공통의 방법으로 결합된 동일 환경에 살고 있는 일군의 사람들을 의미한 것으로 사용되었다. 따라서 네안데르탈 문화, 라 텐 문화, 트로브리안드 도(島) 문화라 불리는 것들이 그 실례라고 할 수 있다. 그건 매우 편리한 말이며, 우리 사회 안의 여러 집단에서도 사용되어 왔던 것이다. 내가 이 말을 택한 또 하나의 큰 이유는 바로 여기에 있었던 것이다. 하나의 말이 두 가지 의미로 쓰이면서 동시에 양쪽의 의미가 분명하게 나타나는 경우는 그리 흔치 않을 것이다. 하지만 인류학적인 관점에 선다면 한쪽의 과학자 또 한쪽의 인문적 지식인이 다같이 문화로서 현실적으로 존재하고 있는 것이다. 이미 앞에서 말한 대로, 거기에는 행동에 대한 공통의 태도, 공통의 기준, 공통의 패턴, 공통의 접근 방식이나 전제가 있는 것이다. 이는 어떤 문화에 속한 사람이 자기의 개성이나 자유의지를 상실한다는 것을 뜻하는 것은 아니다. 그것이 뜻하는 바는 우리가 모르는 사이에 상상 이상으로 자기들의 시대, 장소, 교육이 낳은 소산으로 되어 가고 있다는 것이다. 여기서 간단한, 의논의 여지가 없는 두 가지 예를 들어보기로 하자. 과학적 문화에 속하는 압도적으로 많은 사람들(즉, 인류학적 관점에서 본 과학자라는 일군)은 연구란 대학의 주요 기능이라고 믿으며, 그 점에 대해서 깊이 생각해 본다든지 의문을 제기할 필요를 느끼지 않을 것이다. 이런 태도는 기계적이라고도 할 수 있으며 그들의 문화의 일부가 되고 있다. 그런데 그런 태도가 문학적 문화에서는 그대로는 통용되지 않을 것이다. 그뿐만 아니라 문학적 문화에 속하는 압도적인 다수의 사람들은 어떠한 정황 속에서도 인쇄된 말들은 조금이라도 검열을 받아서는 안 되는 것으로 알고 있다. 이러한 입장은 개개인의 생각만으로 되는 것이 아니며, 이것 또한 문학적 문화의 일부를 형성하고 있는 것이다. 문학적 지식인들이 30년 전만 해도 생각조차 할 수 없을 정도로 그것을 절대시하게 된 사실 자체가 그 문화의 일부를 이루고 있기 때문이다.

〈문화〉에 대해서는 이쯤 해두고 다음으로 둘이라는 수의 문제를 다루겠다. 이 수를 택한 것이 과연 가장 적합한 것이겠느냐에 대해서는 확신을 갖지 못하겠다. 처음부터 나는 어떤 의문을 삽입했던 것이다. 강연의 첫 부분에서 한 말을 반복해 보기로 한다.

   2라는 수는 매우 위험한 숫자이기 때문에 변증법이 위험한 방법이라는 이유도 여기에 있는 것이다. 무엇이든지 둘로 나누려는 생각에는 의문점이 많다는 것이다. 나는 그것을 개선해 보려고 오랫동안 생각한 바 있지만 결국 중지하기로 하였다. 내가 찾고자 한 것은 문화의 구별까지는 안 간다고 해도 위풍 당당한 은유 이상의 그 무엇이었으며, 바로 이 목적을 위해서는 두 문화로서 충분할 듯하고 그 이상으로 세분한다는 것은 비현실적이며, 이점보다는 결점이 더 많을 것 같다.

이상의 말은 지금도 충분히 통용된다고 생각하지만, 수정을 받아들이는 데 인색하지는 않겠다. 그리고 뒤에서 언급하겠지만 나는 어떤 새로운 생각으로부터 깊은 감명을 받아 왔다. 그런데 그에 앞서 두 가지의 의논에 대해 언급해 두어야 하겠다. 한쪽의 의논은 아무 소용이 없는 의논으로 치닫는 것이고 또 하나의 의논은 한때 나 자신이 하려고 마음 먹었던 것으로서, 오해되기 쉽다. 전자의 이론에 의하면, 두 개의 문화란 없으며 1백과 둘의 문화, 2천과 둘의 문화, 바라는 수만큼의 문화가 있다는 것이다. 그건 어떤 의미에서는 맞는 말일지도 모르나 무의미한 말이다. 말이라는 것은 그 패턴의 바탕이 되고 있는 맹목적인 현실보다는 단순한 법이다. 그렇지 않다면 의논이나 공동의 행동이라는 것도 불가능하게 될 것이다. 물론, 예를 들어 과학적 문화 속에도 여러 가지로 세밀한 구별이 있을 것이다. 이론 물리학자들은 마치 많은 항해자들이 자기만의 신에게 말하듯 자기들끼리만 이야기를 주고받는 경향이 있다. 과학 세계의 정치에 있어서나 일반적인 정치에 있어서나 유기화학자들은 보수적인 경향이 더 많은데 생화학자의 경우는 그 반대의 경우가 많고, 이런 예는 얼마든지 있다. 왕립협회의 회의 탁상에서는 이와 같은 다양한 행동을 볼 수 있다고 하디는 늘 말하곤 했다. 하디는 직함이나 특별한 제도를 중시하는 사람은 아니었지만 그렇다고 해서 왕립협회가 무의미하다고 보지는 않았을 것이다. 사실 이 협회는 과학적 문화의 최고의 표현이며 상징이다.[12] 단순한 것과는 너무나 거리가 먼 〈이 2천과 두 문화〉라는 식의 사고는 아무리 먼 훗날이라도 어떤 새로운 행동을 일으키기 위한 제안을 누가 하려고 할 때면 으레 나타난다. 거기에는 보수적인 관료들이 현상을 교묘하게 고수하려고 할 때의 상투적인 기술이 포함되어 있다. 그것은 〈복잡화에 의한 방어의 기술〉이라고 불린다.

둘째의 의논은 순수 과학과 기술(technology란 말은 경멸을 의미하는 말로 되어가고 있다)을 구별하는 선을 그으려고 한다. 이런 선을 나 자신도 한때 그으려고 하였다.[13] 그러나 그럴 만한 이유를 아직도 찾을 수 있다고 해도 이제는 그렇게 해서는 안 된다. 기술자들이 실제로 작업하는 과정을 볼 기회가 많으면 많을수록 그런 구별은 수긍되기 어려울 것으로 생각한다. 누구나 항공기를 설계하는 것을 실제로 관찰해 보면 아마 그는 원자핵 물리학의 실험을 하고 있는 것과 마찬가지로 미적·지적·도덕적으로 같은 경험을 거치고 있다는 것을 알게 될 것이다.

과학적인 과정에는 두 가지의 동기가 있다. 그 하나는 자연의 세계를 이해하는 일이며, 또 하나는 자연을 지배하는 일이다. 과학자 개인에 따라서 이들 동기의 중요도는 다를 것이다. 그리고 과학의 각 분야의 기원도 그 동기 중의 어느 하나에 의한 것일 것이다. 예를 들어 우주의 기원과 성질을 연구하는 우주진화론은 전자에 꼭 들어맞는 예가 된다. 그리고 의학은 후자의 전형적인 예가 된다. 그러나 모든 과학의 각 영역의 학문이 어떠

---

12) 다른 나라에서는 넓은 의미의 〈과학(science)〉으로 간주할 사회과학과 그 밖의 학문 분야를 왕립협회에서는 20세기 초에 그 범위로부터 신중히 제외시켰다는 것은 영국의 사정을 반영하는 것으로 흥미 로운 일이다.

13) 『탐구(The Search)』(1934) 참조.

한 동기로 발생했든지 간에 한쪽 동기는 다른 쪽 동기에 포함된다. 고전적 기술인 의학에 있어서 그 연구는 헤모글로빈 분자의 구조와 같은 〈순수한〉 과학의 문제로 옮겨갔다. 모든 문제 가운데서도 가장 비실용적인 우주진화론을 통해서 원자핵 분열을 꿰뚫어 보게 되었다. 이는 선과 악의 양면에서 크게 잠재력을 갖는 것으로서 아무도 이를 두고 비현실적인 활동이라고 부르지는 않을 것이다.

순수 과학과 응용 과학의 이러한 복잡한 변증법은 과학의 역사에 있어서 가장 심각한 문제의 하나가 된다. 오늘날에 있어서도 아직 많은 문제들이 이해되지 못하고 있는 실정이다. 발명을 고취시키는 실제상의 필요에 대해서는 잘 인식되어 있다. 1935년과 1945년 사이에 영국, 미국, 독일의 과학자들이 처음에는 서로 몰랐으나 어째서 급속도로 전자공학을 발전시켰는가를 설명할 필요는 없을 것이다. 이 막강한 기술적인 무기가 천문학이나 사이버네틱스에 이르는 가장 순수한 과학 연구에 이용되었다는 것도 분명히 밝혀졌던 것이다. 볼야이(B.F. Bolyai, 1775-1856), 가우스(Gauss, 1777-1855), 로바체프스키(Lobachewski, 1793-1856)도 처음에는 서로 몰랐는데, 이들로 하여금 같은 시기에 온갖 상상의 세계에서 가장 추상적이라고 생각되는 비유클리드 기하학의 연구에 몰두해 가도록 하게 한 외부적인 자극이나 사회적인 상관 관계는 과연 무엇일까? 이에 대한 만족스러운 해답을 찾기는 어렵다. 그런데 처음부터 순수 과학과 응용 과학 사이에 어떤 구별을 가정하고 있는 한 그에 대한 해답을 얻기는 불가능할 것이다.

4

 이처럼 〈두 문화〉라는 말은 내가 생각했던 목적을 위해서 오늘날에도 여전히 적절하다고 본다. 그런데 나는 지금 영국인의 한 사람으로서 주로 영국 사회의 체험을 토대로 이야기를 진행시키고 있다는 점을 좀더 힘주어 강조했더라면 하는 생각이 든다. 사실 나는 그렇게 말했고 또 지금 이 문화의 분리는 영국에서 가장 두드러지게 나타난다는 점도 언급한 바 있었다. 그러나 나는 이 점을 충분히 강조하지 아니 하였던 것으로 느껴진다.
 예를 들어, 미국에서의 문화의 분리는 그 간극을 메울 수 없을 정도까지 이르지는 않았다. 영국과 유사한 문화의 영향으로 문학적 문화의 구멍이 있으며, 영국의 경우와 마찬가지로 극단적으로 커뮤니케이션을 싫어하고 그것을 하려고도 하지 않는 이들이 있다. 그러나 문학적 문화 전체가 일반적으로 그렇다는 것은 아니며, 하물며 전 지식인의 사회가 그렇다고 할 수는 없는 것이다. 그래서 이 분리 현상이 별로 심각하지 않기 때문에 또 그러한 상태를 인생의 진실로서 받아들여서는 안 되기 때문에 이를 개선하기 위해서 영국보다 훨씬 활발한 수단을 강구하고 있는 것이다. 이는 사회 변화의 한 법칙을 나타내는 매우 흥미로운 한 예가 된다. 왜 그런가 하면 변화라는 것은 정세가 최악일 때는 일어나지 않고 상향으로 치달을 때 일어나기 때문이다. 따라서 예일, 프린스턴, 미시간, 캘리포니아의 각 대학에서 세계적인 과학자들이 전문가가 아닌 사람들의 클래스에서 이야기를 나누고 있다. MIT나 캘리포니아 대학의 이공계 학생들은 인문 분야에 대한 교육을 열심히 받고 있다. 지난 2, 3년 동안에 미국을 방문한 이들은, 미국 대학 교육의 탄력성과 창의성에 놀랄 것이다. 이때의 방문객이 영국인이었더라면 자기 나라의 사정에 비추어 슬픈 생각에 젖게 될지도 모른다.[14]

내가 한 영국인으로서 쓰고 있다는 사실이, 지난 몇 해 동안 이 의논을 또 하나의 방향으로 강력하게 추진시킬 어떤 것, 혹은 생각하기에 따라서는 이미 일보를 내딛고 있다고 할 수 있는 것에 대해서 나로 하여금 둔감하게 만든 것 같이 생각된다. 조직에 의하지 않고, 또 어떤 지도라든지 의식적인 방향 지시에 의하지 않고, 이 토론의 과정에서 자연스럽게 형성된 일련의 학문상의 의견에 대해서 나는 깊은 감명을 받고 있다. 조금 전에 새로운 정세라고 언급한 것은 바로 이를 두고 하는 말이다. 이 일련의 의견은 학문의 각 방면—— 사회사, 사회학, 인구 통계학, 정치학, 경제학, 행정학(미국에서 쓰이는 학술적인 의미로), 심리학, 의학, 건축과 같은 사회적 예술 분야의 사람들에게서 오는 것 같다. 외견상으로 보기에는 잡다한 것 같으면서도 거기에는 하나의 내적인 일관성이 유지되고 있다. 그것은 모두 인간은 어떻게 생존하느냐, 또 생존해 왔느냐를 문제삼고 있으며, 전설보다는 사실과 관계를 맺고 있는 것이다. 나는 이들이 서로 의견의 일치를 보고 있다는 것을 말하는 것이 아니다. 이 문제의 핵심을 이루고 있는 과학혁명의 인류에의 영향이라는 중요한 문제를 그들이 추구하고 있다는 것, 적어도 그들이 가족 유사성 같은 것을 나타내 보이고 있다는 점을 말하고 싶었던 것이다.

이제 생각해 보니, 이 점을 기대했어야 옳았다. 그렇게 하지

---

14) 미국과 영국의 학계에 대한 선의의 비판자로부터 내가 미국의 대학 교육을 과대 평가하고 있다는 말을 가끔 듣는다.

않았다는 데 대해서는 별반 변명의 여지가 없다. 나는 거의 한 평생을 두고 사회사학자들과 친밀한 지적 교제를 해 왔고, 그들로부터 상당한 영향을 받았으며, 그들의 최근의 연구 성과는 나의 많은 논술의 기초를 이루고 있다. 그럼에도 불구하고, 오늘날의 표현 방식을 빌어 이른바 제3의 문화(a third culture) 같은 것이 생성되어 가는 것을 느끼기에는 나는 너무나 완만하였다. 〈어려운〉학과에만 정통하는 기왕의 지적 훈련 이외에는 의심을 하도록 조건을 붙인 영국 교육의 포로가 아니었더라면 나는 좀더 빨리 조건을 깨달았을 것이다. 이 점을 나는 유감스럽게 생각하고 있다.

제3의 문화가 이미 존재하고 있는 듯이 말한다는 것은 시기상조일 것이다. 그러나 그것이 다가오고 있다는 것을 나는 확신하고 있다. 그것이 나타나게 될 때, 커뮤니케이션에 따르는 몇 가지 어려운 문제들이 결국은 해결될 것이다. 왜냐하면 그러한 문화는 그 본래의 사명을 다하기 위해서도 과학적 문화와 대화를 나누지 않으면 안 되기 때문이다. 이렇게 될 때, 앞서 말한 바와 같이, 이 의논의 초점은 우리 모든 사람들을 위해서 보다 유익한 방향으로 옮겨가게 될 것이다.

이런 일이 일어날 징조가 여러 모로 나타나고 있다. 어떤 사회사학자들은, 과학자들과 대화를 나누는 한편 문학적 지식인에게 보다 정확히 말해서 문학적 문화가 표명하는 것에 관심을 돌려야 한다고 느끼고 있다. 유기적 사회라든지, 전 산업화 사회의 본질이라든지, 과학혁명의 본질에 관한 개념들이 지난 10년 동안의 지식의 진보에 비추어 다루어지고 있다. 이와 같은 새로운 시도는 우리들이 지적으로나 도덕적으로나 건전하기 위해서는 매우 중요하다고 볼 수 있다.

그것들은 내가 가장 깊은 관심을 가지고 행한 강연에서 언급되어 있기 때문에 다음 절에서 다시 한번 돌이켜 볼까 한다. 그 다음으로 나는 전문적으로 그것을 논할 자격이 있는 사람들의 손에 내맡기려고 한다.

다음으로 내가 내린 또 하나의 서툰 판단에 대해서 한마디 하겠다. 두 문화의 커뮤니케이션의 부족을 설명함에 있어서 나는 과장을 하지 않았다. 그 후에 나타난 실제적인 연구[15]가 밝혀주는 바에 비추어 볼 때, 도리어 나는 삼가해서 말하였다. 그러나 과학적 업적에 대한 이해의 유무를 시험하기 위해서 열역학 제2법칙을 어떻게 이해하고 있는가라는 설문을 사용한 것을 후회하고 있다. 그것이 적절한 질문인 것만은 사실이다. 많은 물리학자들은 이 질문을 가장 날카로운 것으로 보는 데 동의하리라고 믿는다. 그것은 가장 심원하고 가장 일반성을 띤 법칙 중의 하나인 것이다. 이 법칙에는 그 고유한 아름다움이 있으며, 다른 모든 과학 법칙과 마찬가지로 존중해야 할 가치를 지니고 있다. 물론 과학자가 아닌 사람들이 백과사전에서 그 항목을 찾아 알아본다는 것은 큰 의미가 없다. 물리학의 몇 가지 언어를 배우지 않고서는 알 수 없는 이해력을 필요로 하기 때문이다. 이 이해가 20세기의 공통된 문화의 일부가 되어야 하는 것이다. 처웰(Cherwell) 경이 한때 상원에서 내가 한 말보다 더 엄격하게 역설한 바와 같이. 그럼에도 불구하고 그와는 다른 예를 택하는 것이 좋았을걸 하고 아쉽게 생각한다. 관객과의 만남을 잃은 극

---

15) 리치몬드(Kenneth Richmond), 『문화와 일반적 지식(*Culture and General Knowledge*)』(Methuen, 1963) 참조.

작가처럼, 나는 그 법칙에 대다수의 사람들에게 생소하고 기묘한 이름이 붙어 있다는 것을 잊고 있었던 것이다. 정직하게 말해서 생소한 것이 얼마나 기묘하게 느껴지는가를 잊고 있었던 것이다. 체홉(A.P. Chekhov, 1860-1904)의 연극에서 부칭(父稱)이 나올 때마다 영국인은 웃어제끼며, 표드르 일리치(Fyodor Ilyich)라든지 류보프 안드레예프나(Lyubov Andreievna) 따위의 이름을 듣고, 그들의 이름보다는 한결 정중하고 인간다운 형식적인 명명법에 다행히도 무지하다는 것을 폭로하는 익살스런 이야기를 잊지 말아야 했던 것이다.

이렇게 해서 나는 웃음거리가 되었다. 게다가 나는 무능한 극작가처럼 배역이 잘못되어 다시 웃음거리가 되었던 것이다. 이제부터 나는 이 문제를 다른 방식으로 다루어야 하겠고, 현재 학교에서 일반 교양으로서의 필수적인 과학의 한 분과를 제시해 보아야 하겠다. 오늘날 이 과학의 한 분과는 분자생물학이라는 이름으로 통하고 있다. 이를 두고 기묘하다고 할 수 있을까? 그 명칭은 이제 충분히 익숙해졌다고 믿어진다. 행운과 우연 덕분에 이 학문은 새로운 형의 교육에 이상적이라고 할 만큼 알맞다. 그것은 전적으로 자기 충족적이다. 이 학문은 결정 구조의 분석에서 시작되었지만 그 자체로 심미적인 견지에서도 아름다우며 쉽게 이해될 수 있는 학문이다. 또한 그 방법은 문자 그대로 우리들의 생명이 되는 부분, 즉 단백질이나 핵산 분자에 적용된다. 이 분자들은 (분자로서는) 매우 거대하며, 기묘한 모양을 하고 있음이 밝혀졌지만 우리가 생명이라고 부르는 것과 관련 있는 성질에 대해서는 로코코식의 복잡한 취향을 가지고 있는 것 같다. 거기에는 DNA의 구조를 찾아낸 크릭(Crick, 영국의 화학자)과 왓슨(Watson, 미국의 분자생물학자)이라는 두 천재의 발자취가 있으며, 우리에게 유전에 관한 기본적인 교훈도 가르쳐주고 있다.

열역학과는 달리 분자생물학에서는 개념상으로 어려운 점이 별로 없다. 사실 개념 같은 것을 문제삼는다면 그 점에서는 그렇게 심원하지 않으며, 우리들에게 그것이 중요한 이유가 되는 것은 다른 데 있는 것이다. 그것을 이해하기 위해서는 수학을 거의 필요로 하지 않는다. 어려운 과학에 속할 만한 요소들은 비교적 적으며 그것도 수학 없이 대개는 이해할 수 있다. 무엇보다 필요한 것은 시각적인 3차원의 상상력이다. 화가나 조각가들이 평소에 익숙해 있는 것과 같은 학문이라고 할 수 있다.

분자생물학은 과학 문화 전체를, 그리고 각 분야와 그 사회의 몇몇 성격을 참으로 선명하게 예증해 준다. 〈2천과 두 문화〉식의 사고를 대변하는 사람들은 세계의 적은 인원만이(500명 정도?) 예컨대 퍼루츠(Perutz, 영국의 분자생물학자)나 켄드류(Kendrew, 영국의 분자생물학자)가 마침내 헤모글로빈 단백질의 구조를 해명한 것과 같은 과정의 각 단계를 그대로 쫓아가는 데 지나지 않는다는 것을 듣고 기뻐할 것이다. 결국 퍼루츠는 25년 동안 헤모글로빈에 집착하고 있었다. 연구에 대한 인내력을 가진 과학자라면 누구나 이런 과정에 통달하고 있으며, 어떠한 과학자도 그것을 알고 있다. 대다수의 과학자들은 얻어진 결과에서 적절한 산 지식을 터득할 수 있다. 이는 살아 있는 과학 문화의 좋은 보기가 된다.

이 분야의 과학 영역에 포함되어 있는 사상은 제2법칙에 비해서 물리학적으로 심원하지도 않고, 또 우주적인 의미를 갖지 않는다는 것을 앞서 말하였다. 그것은 사실이다. 제2법칙은 우주에 통하는 하나의 개괄이다. 이 새로운 학문은 우주의 미시적인 부분에만 적용되고, 그나마 지구에만 존재하는 것인지는 아직 아무도 모른다. 하지만 이 미시적인 부분이야말로 종종 생물의 생명에 관계되는 것이기 때문에 우리 모든 사람들에게 중요하다. 자기 부정을 선언하고, 금후 10년간의 연구에 그 해명을 맡기는 것도 좋을 것이다. 그러나 여기서 모순되지 않는 말을 하나 할 수 있다. 즉, 분자생물학이라는 과학은 다윈(C.R. Darwin, 1809-1882) 이래의 모든 과학의 진보를 훨씬 넘어서서, 그리고 아마 다윈에 의한 과학의 진보 이상으로 인간이 자기 자신에 대해서 생각하는 방법에 영향을 주게 되리라는 점이다.

이것이야말로 다음 세대 사람들이 분자생물학을 배워야 할 이유인 것이다. 교회는 어떻게도 할 수 없는 무지를 인정하고 있지만, 그런 무지는 정복할 수 없는 것이 아니며, 또 그럴 필요도 없는 것이다. 이 학문은 부자연스럽게 끌어들이지 않더라도 영국의 고등학교나 대학 정도의 교육 체계에 접목시킬 수 있을 것이다. 이런 생각은 이미 세계적으로 떠도는 분위기를 대변한다고 감히 말할 수 있으며, 지금 이 절을 쓰고 있는 동안에도 미국의 몇몇 대학에서는 그 첫 과정으로 이 과목을 채택하고 있다는 점을 덧붙여둔다.

5

과학의 획기적인 진전, 특히 분자생물학에 있어서와 같이 인간의 뼈와 살과 밀접한 연관을 맺고 있는 것 또는 고등 신경계의 성질에 관해서 기대할 수 있는 또 하나의 진보는 우리들의 희망이나 체념과도 밀접한 관계가 있다. 즉, 인간이 자기 자신에 대해 깊이 성찰하게 되면서 미리 예정된 듯이 보이는 자신의 특유한 성질들에 대한 추측이나, 때로는 뛰어난 직관이 가능하기도 한다. 이 중의 어떤 추측은 한 세대가 지나기 전에 정밀한 지식이 되어 입증이 될지도 모른다. 이러한 지식의 혁명이 장차 무엇을 의미하게 될지는 아무도 예측할 수 없지만 적어도 그 결과 중의 하나는 우리로 하여금 같은 인간으로서의 인류에게 갖는 책임감을 약화시키기보다는 더욱 강화시킬 것이라고 나는 믿는다.

내가 강연에서 개인의 조건과 사회의 조건을 구별한 이유도 여기에 있었던 것이다. 거기서 나는 각 개인의 생활에 있어서의 고독, 궁극의 비극 같은 것을 강조하였다. 바로 이 점이 나의 강연의 다른 부분에 찬성을 표명한 사람들을 난처하게 만든 것 같다. 물론 개인이 가지고 있는 기질을 불식시킨다는 것은 대단히 어려운 일이다. 알프릴 카잔(Alfreel Kazin)이 예리하게 지적한 것처럼,[16] 각별히 이러한 음조는 나의 저작의 많은 부분에 침투해 있다. 나의 장편 소설에 『이방인과 동포』라는 제목을 붙인 것도 우연한 일이 아니다. 그럼에도 불구하고 우리가 오늘날처럼 경박한 사회적인 염세 사상에 빠지거나 냉담하고 이기적인 자기 중심 때문에 몸을 움츠리지 않는 한 어쨌든 이 양자는 구별할 필요가 있다.

---

16) Alfreel Kazin, *Contemporaries*(Secker & Warburg, 1963), pp.171-8.

그래서 나 자신의 생각을 지나치게 내세우지 않으면서 이 문제에 대해서 말해 보려고 한다. 누구나 동의하리라고 생각되는데, 각 개인의 생활에는 결국 어떻게도 할 수 없는 일들이 많다. 죽음은 하나의 사실이다. 자기의 죽음도 자기가 사랑하는 이의 죽음도 그렇다. 돌이킬 수 없기 때문에 우리를 괴롭히는 일들이 많다. 우리는 온 힘을 다해서 그것과 투쟁하지만 여전히 돌이킬 수 없는 것이 남는다. 이것은 사실이며, 인간이 인간으로서 존재하는 한, 사실로서 존재할 것이다. 이것이 바로 개인의 조건이라는 것이다. 그것을 비극, 희극, 비합리라고 부르며 어떤 훌륭하고 용감한 사람들은 어깨를 으쓱하며 냉소하기도 한다.

하지만 그것이 전부는 아니다. 나의 바깥에는 연애나 애정, 충성심이나 의무로 결합된 사람들의 생활이 있다. 어떤 사람의 생활에도 나 자신의 경우와 마찬가지로 돌이킬 수 없는 요소들이 포함되어 있다. 하지만 도움을 줄 수 있는, 또 우리가 도움을 받을 수 있는 요소도 포함하고 있다. 자기의 마음을 넓혀 희망의 가능성을 포착하는 것이야말로 우리가 더욱더 인간답게 되어 가는 길인 것이다. 그것은 개인 생활의 질적인 개선의 길로 통하는 동시에 개인에 대한 사회적 조건의 시작이기도 하다.

결국 우리는, 우리 개인의 생활에 별로 깊은 관계가 없기 때문에 직접 알 수 없는 생활의 조건을 이해하려고 든다면 할 수도 있을 것이다. 이들의 생활, 즉 우리의 동포들의 생활도 모두 우리 자신의 생활과 마찬가지로 피할 수 없는 요소를 가졌다고 해도, 그 밖의 다른 요소도 가지고 있는 것이다. 그 중의 어떤 요구들은 충족될 수 있다. 이러한 요구들의 전체가 곧 사회적 조건이 된다.

 우리는 이 세상의 사회적 조건을 될수록 많이 알도록 힘써야 하지만 그렇게 할 수는 없다. 그러나 두 가지만은 알 수 있고, 실제로 알고 있다. 그 첫째는 우리 인간은 육체적으로는 무정한 여러 사실에 따르지 않을 수 없지만, 이때 우리는 모두 같은 조건이어야 한다. 주지하는 바와 같이, 우리 동포의 3분의 2가 넘는 절대 다수가 질병과 조기 사망을 눈앞에 둔 생활을 하고 있다. 그들의 수명은 우리들의 절반밖에 기대할 수 없으며, 그들 대부분은 영양실조에 고통받는 굶주림 직전의 상태에 있으며, 굶어 죽는 사람들도 많다. 그들의 생활은 개인의 본래적인 조건과는 다른 고통으로 괴로워하고 있다. 그러나 이러한 고통은 불필요한 고통이며 또 제거할 수도 있는 것이다. 이 점이 우리가 알고 있는 둘째의 중요한 것으로서, 만일 그것을 모른다고 해도 그건 구실이 될 수 없고 또 책임 면제를 받을 수 있는 것도 아니다.

 응용 과학이 몇 억이라는 개개인의 생활로부터 불필요한 고통의 제거를 가능케 한 사실을 잊을 수가 없는 것이다. 그런 고통은 우리들과 같은 특권적 사회에 있어서는 거의 잊고 있는 것으로서 너무나 저속하기 때문에 언급하는 것조차 점잖은 일이 못된다고 생각될지도 모른다. 예컨대 많은 환자를 치유하는 것, 아이들의 조기 사망이나 산모의 사망을 예방하는 것, 굶주림을 줄이기 위하여 충분한 식량을 생산하고 최소한의 주택을 마련하는 것, 다른 계획에 지장을 초래하지 않도록 산아 제한을 하는 것들을 말한다. 이에 대한 방법을 우리는 모두 잘 알고 있는 것이다.

 거기에는 그 이상의 새로운 과학상의 발전을 필요로 하지 않는다. 물론 새로운 발견이 우리를 돕는다는 것은 말할 것도 없지만 그것은 과학혁명이 전세계적인 규모로 확대되느냐에 달려 있는 것이다. 그 밖에는 달리 길이 없다. 대다수의 인간들에게는 그것이 희망의 밧줄이기도 하다. 필경 그 희망은 성취될 것이지만 그것은 가난한 사람들이 과학혁명을 조용히 받아들인 연후에 이루어질 것이다. 얼마나 걸리는가, 어떤 모양으로 달성되는가 하는 것은, 우리들의 생활, 특히 그 대부분은 서구 사회에서 행복하게 태어난 사람들[17]의 생활의 질을 반영하는 것이 될 것이다. 이것이 성취되는 날, 우리들의 양심은 다소 맑아질 것이다. 그리고 우리를 뒤따르는 사람들은 다른 사람들의 기본적인 요구가 뜻 있는 이들의 일상적인 가책이 되지 않는다는 것, 어떤 진정한 존엄스러운 것이 이제야 비로소 우리 모두에게 나타난다고 생각할 수 있게 될 것이다.

  사람은 빵만으로 사는 것이 아니다. 그렇다. 이 말은 지금까지의 논의 가운데서 귀에 젖도록 들어 왔다. 때로는 깊은 사려도 없이 다만 본심을 속이기 위한 편협한 마음의 소유자들이 말한 경우가 있었다. 그 까닭은 서구 사회의 일부 사람이 많은 아시아인, 그리고 지금 이 세계에 존재하는 대부분의 인간들에게 무심결에 할 수 있는 소견(remark)이 아니기 때문이다. 오히려 이 말은 우리 자신에게 할 수 있고 또 해야 할 말인 것이다. 왜냐하면 일단 기본적인 욕구가 충족되었을 때, 우리의 인생을 값있게 하며, 만족스럽게 하는 일이 얼마나 어려운가를 알고 있기 때문이다. 그것은 결코 손쉬운 일이 아닐 것이다. 미래의 사람

---

17) 물론 그것은 지금까지 자라온 전 인류의 기준에서 판단하는 것이다.

들이 오늘의 우리들만큼 행운을 누린다면, 우리들의 실존에 대한 불만과 또는 자기들 자신의 새로운 불만과 싸울 것이다. 그들은 우리들의 일부 사람들처럼 성(性), 술, 마약 같은 것으로 보다 강렬한 관능적인 생활에 빠질지도 모른다. 혹은 그들은 책임의 폭을 넓히는 동시에 애정과 정신력을 심화시킴으로써 그들의 삶의 질적 향상을 시도할지도 모른다. 이런 점은 바로 우리들의 사회가 지향하면서도 희미하게밖에는 지각하지 못하는 것이지만.

그러나 우리들의 지각이 아무리 희미하다고 해도 다음과 같은 진리를 모호하게 할 정도로 희미하지는 않다. 즉, 자기 스스로는 향유하고 있으면서도 남들이 그것을 향유하지 않고 있는 기본적인 욕구를 경시해서는 안 된다는 것이다. 그것을 경시한다는 것은 우리들의 탁월한 정신(superior spirituality)을 발휘하지 않는다는 것을 뜻하며, 오로지 비인간적이며, 보다 정확히 말해서 반인간적(anti-human)인 태도로밖에 볼 수 없는 것이다.

사실은 바로 여기에 내가 뜻했던 논의 전체의 중심 문제가 있었던 것이다. 강연의 초안을 쓰기 전에 나는 〈부자와 가난한 자〉라는 제목을 붙일까도 생각한 바 있었다. 지금에 와서는 그대로 두었더라면 좋았을 것을 하고 생각한다.

과학혁명을 통해서만 대개의 사람들은 1차적인 것(수명, 굶주림으로부터의 해방, 어린이의 양육)을 획득할 수 있으며 그것은 우리가 당연하다고 생각하는 것들이며, 사실 얼마 전에 우리들이 과학혁명을 성취함으로써 우리의 손에 들어오게 되었던 것이다. 대부분의 나라들은 기회만 주어진다면 과학혁명으로 돌입하려고 한다.

이런 정세를 오해한다는 것은 바로 현재와 미래를 오해하는 것이 된다. 이러한 정세는 세계 정치 속에서 부글부글 끓고 있다. 비록 정치의 형태는 똑같이 보일지라도 과학혁명이 들어옴에 따라 그 내용이 달라진다. 우리는 올바른 결론을 되도록 속히 이끌어냈어야 함에도 불구하고 문화의 분리가 주된 원인이 되어 그것을 이루지 못했을 것이다. 정치인이나 행정가들은 과학자들이 말하는 진의를 파악한다는 것이 어려웠던 것이다. 그러나 이제는 그것을 받아들이기 시작하고 있다. 다른 사람들로부터 동포로서의 자연스러운 공감을 느끼는 사람들, 즉 정치적 입장이 무엇이든지 간에 실무자, 기술자, 성직자, 의사 같은 이들은 아주 쉽게 이를 받아들이는 경우가 많다. 다른 사람들도 1차적인 것을 얻을 수만 있다면, 그렇다. 논의의 여지조차 없이 그것으로 충분할 것이다.

이상하게도 자기 스스로를 자유주의자라고 자칭하면서도 이러한 변화에 공감을 갖지 않는 사람들이 많다. 마치 몽유병자처럼 그들은 세계의 가난한 사람들에게는 모든 인간적인 희망이 거부되고 있다는 식의 태도를 취하면서 헤매고 있다. 이러한 태도는 현재와 미래를 오해하고 있는 것으로서 비슷한 모양으로 과거의 오해와도 직결되어 있는 것 같이 보인다. 이 점이야말로 제3의 문화라는 것을 대표하는 사람들이 날카롭게 언급해 왔던 것이다.

이 의논은 과학혁명의 첫 파동, 우리가 산업혁명이라고 부르는 변혁에 관한 것으로서, 그것이 문제삼은 것은, 가장 기본적인 인간적 견지에서 볼 때, 산업혁명 이전 시대의 생활이 산업혁명 시대의 것과 비교해서 어떤 것이었을까라는 문제였다. 물론 오늘날의 세계로부터도 어떤 통찰을 얻을 수 있다. 즉, 오늘의 사회는 하나의 사회학적인 방대한 실험실로서, 거기서 우리는 신석기 시대의 사회로부터 산업 사회로의 진보에 이르기까지의 온갖 종류의 사회를 볼 수가 있는 것이다. 우리는 또한 오늘날 자기 자신의 과거의 본질적인 자료를 축적해 가고 있다.

산업혁명에 대해서 몇 가지 의견을 말했을 때, 나는 최근의 사회사 분야에서의 연구 성과들이 잘 알려진 것으로 상상했었다. 아니면 내가 한 말을 입증할 증거를 제시했을 것이다. 그러나 그렇게 한다는 것은 너무나 진부한 것을 일일이 입증해 보이는 것 같이 생각되었던 것이다. 오늘날의 가난한 나라에 대해서 지금까지 내가 논해 온 제1차적 의미에서, 우리의 조상들의 조건이 그처럼 달랐다고 생각한 사람이 있었을까? 아니면 산업혁명이 3-4세대 동안에 기록도 남기지 않은 채 가혹하리만큼 오랫동안 계속된 가난한 사람들의 생활에 전혀 새로운 상태를 가져왔다는 것을 과연 아무도 생각하지 않았을까? 나로서는 그렇게 믿을 수가 없었던 것이다. 물론 향수, 신화, 단순한 속물 근성의 매력 같은 것을 모르는 바 아니었다. 어느 가정이나 어느 시대에도, 어린 시절에는, 은총을 입은 존재들에 관한 이야기들이 있어 듣기 마련이다. 그것은 우리집에도 있었다. 신화에 대해서 사람들은, 자기들은 신화를 사실로서 믿고 있다는 말리노프스키 (B.K. Malinowski, 1884-1942)의 가르침을 상기했어야 옳았다. 또 어떤 이가 전생(前生)에 어떤 사람이었느냐는 질문을 받았을 때, 만일 그가 겸손한 사람이라면 야곱 시대의 목사라든지 18세기의 시골 촌부라는 대답을 상기했어야 옳았던 것이다. 그들이 한 농부였다는 것은 거의 틀림없는 일이다. 우리들이 조상에 대해서 이야기하고 싶어하는 것은 우리들의 출신을 알고 싶어하기 때문이다.

이러한 종류의 반대에 대해서 좀더 설득을 시도하지 않았다는 것은 잘못이었다고 생각한다. 하여간 그 이상으로 말할 필요를 느끼지 않는다. 산업 사회 이전의 역사를 전공하는 학자가 많이 있다. 오늘날 우리는 17세기와 18세기의 영국과 프랑스의 농부와 농업 노동자의 생사에 관한 몇 가지 기본적인 사실을 알고 있다. 그것은 유쾌한 사실은 못 된다. 아름다운 과거를 가르치는 것을 공격한 것으로 플럼(J.H. Plumb)은 다음과 같이 쓰고 있다. 〈부유한 가정에 태어나고, 좋은 건강을 누리며, 자기의 많은 아이들의 죽음을 냉철하게 받아들일 자신을 갖지 못한다면, 아무도 전생에 태어나기를 원치 않을 것이다.〉

프랑스의 인구 통계학자가 얻은 지난 10년 동안의 연구 성과를 조사해 본다는 것은 누구에게나 값있고 실제로 해볼 만한 일이다. 17, 8세기의 프랑스의 교구(敎區) 기록은, 영국과는 달리 매우 정확하게 보존되어 있다. 거기에는 인간 생활의 유일한 조그마한 기록, 유일한 흔적인 출생, 혼인, 사망이 기록되어 있다. 이 기록들은 현재 프랑스 전역에서 분석되고 있다.[18] 이 기록들의 내용은 오늘날의 아시아 사회(혹은 라틴아메리카)에 통용되는 것들이다.

역사가들은, 18세기의 프랑스 농촌에서는 결혼 평균 연령이 사망 평균 연령보다 높다는 것을 통계학을 빌어 솔직하게 그리

---

18) 프랑스의 국립 인구통계연구소(I.N.E.D.)의 출판물을 보라. 예를 들면 후루이(M. Fleury)와 앙리(L. Henry), 『교구기록에서의 인구의 역사(*Des registres paroissiaux à l'histoire de la population*)』(I.N.E.D., 1956): 뫼브레(J. Meuvret), 『프랑스 구체제에서의 물자의 결핍과 인구 통계(*Les crises de subsistances et la démographique de la France d'Ancien Régime*)』(『인구』, 1946).

고 분명하게 설명하고 있다. 평균 수명은 아마 우리들의 3분의 1 로서 분만 직후의 사망으로 말미암아 여성은 남성보다 다소 낮은 것 같다(여성이 남성과 비슷한 평균 수명을 누리게 된 것은 극히 최근의 일이며, 몇몇 행운의 나라에 한정되어 있다). 사회 전체의 대다수 사람들이[19] 굶주림 때문에 죽었는데, 그런 일은 흔히 일어나는 현상이었다.

영국의 기록은 그처럼 완전하지는 못하지만 피터 라슬레트(P. Laslett)와 그의 공동 연구자들이 17세기 후반의 기록[20]을 발견하면서 그에 대한 활발한 연구를 진행시키고 있는 중이다. 거기서도 똑같은 결론이 나왔는데, 주기적인 기근은 가난한 스코틀랜드인들 사이에서는 보통 일어나는 현상이었지만, 영국에서는 아직 그 증거를 찾지 못하고 있다.

이러한 경향을 나타내는 많은 증거들이 여러 출처에서 나타나고 있다. 이것으로 미루어 볼 때, 우리의 조상들이 사악한 응용과학의 책략으로 말미암아 참혹하게 추방당한 것으로 되어 있는 산업 사회 이전의 에덴 동산을 운운한다는 것은 있을 수 없다는 것을 누구나 느낄 것이다. 이 에덴 동산이 언제 어디에 존재한 것일까? 그것이 한갓 동경으로서의 공상이 아니고 역사적·지리적인 사실로서 어디에 언제 존재하였는지를 신화를 동경하는 사람이 아니고서야 누가 말할 수 있을까? 만일 있다면 사회사가들

---

19) 즉 농부들은 굶어죽었고 소수의 부유층은 살아 남았다. 17세기의 스웨덴에 관한 최근의 연구에 의하면 기근이 든 다음 해에는 대개 전염병이 유행하였고, 이 유행병은 젊은이, 늙은이, 쇠약자들을 앗아갔다.

20) 예를 들면, 라스레트(Peter Laslett)와 해리슨(J. Harrison), 『1600-1750에 관한 역사 평론』(A. & C. Black, 1963) 속의 'Clayworth and Cogenhoe'.

은 그런 케이스를 검토할 수 있을 것이고 존경할 만한 토론도 가능할 것이 아니겠는가!

그런데 현상태는 존경할 만한 것이 되지 못한다. 전문가들이 우리들의 눈앞에서 그것이 허위라는 것을 밝혀주고 있는데도, 거짓된 사회의 역사를 말하거나 가르칠 수는 없는 것이다. 그러나 플럼이 공개적으로 항의한 바와 같이 그가 말하는 〈이 넌센스〉를 가르치고 있는 것이다. 이는 정밀한 교육을 받은 이에게는 기묘한 일이 아닐 수 없으며, 마치 독서 그 자체가 하나의 불필요한 활동이 되고, 50년 전의 정설을 뒤엎을 만한 증거를 읽는다는 것이 불필요한 것처럼 느끼게 할지도 모른다. 그것은 마치 물리학 교사가 양자론을 무시한 채 양자론으로 이미 대치된 복사의 법칙을 해마다 정밀하게 가르치는 일과 다를 바가 없다. 마치 몰락해 가는 종교의 설교자들의 소리처럼 목청을 높여 강조하는 모양으로 가르치는 꼴이 된다.

이러한 산업 이전 시대를 신봉하는 사람들은 사회사가들과 대결하는 것이 중요하다. 거기서 우리는 널리 인정을 받는 사실의 근거를 얻을 수 있을 것이다. 신화는 가르칠 수는 있지만 그것은 그 신화가 사실처럼 보일 때뿐이다. 그 사실이 그릇됨으로 입증될 때 그 신화는 허위가 된다. 누구도 허위를 가르칠 수는 없는 것이다.

나는 이야기를 일의적인 것으로 제한하였다. 누구든지 죽는 것보다는 사는 것이 더 좋으며, 굶거나 어린이들이 언제 죽거나 해서는 안 된다. 어쨌든 이런 의미에서 우리는 같은 동료인 것이다. 만일 그렇지 않다면 만일 이 최저의 기준에 관심을 갖지 않는다고 하면, 그것은 곧 인간으로서의 관심을 전혀 갖지 않는다는 것을 뜻하며, 어떤 보다 고매한 공감을 느끼는 척한다고 해도 그것은 거짓에 불과하다. 다행히 우리 모두가 그처럼 무감각하지는 않다.

육체적으로 불행을 겪어본 사람들은 다른 일에서는 동정을 보이지 않는 친구들도, 이에 대해서는 마음으로부터의 동정을 보이는 것을 경험하게 된다. 동정이라는 것은 신체에서 발생되는 것으로서 우리들이 모두 공통의 인간성을 갖고 있다는 것을 부인할 수 없는 증거가 된다.

그러므로 사회적 조건이라는 것은 우리와 함께 있으며, 우리는 바로 그 일부이고, 우리는 그것을 부정할 수 없다. 영국과 같은 행복한 나라에서는, 과거 150년 이상에 걸쳐 응용 과학을 통해서 일어난 격동을 거쳐 몇백만이라는 사람들이 이 일의적인 몫을 어느 정도 분배받아 왔던 것이다. 몇십억이라는 나머지의 인간들도 같은 몫을 분배받든가, 스스로 쟁취하게 될 것이다. 시간의 화살은 그런 방향을 가리키고 있다. 그것은 일찍이 알려지지 않았던 최대의 혁명이라고 하지 않을 수 없다. 지난 3, 4세대 동안에, 우리는 눈부신 변천 속에서 살아왔지만, 금후의 변화는 더욱 빨라질 것이며 또 빨라지는 것이 당연할 것이다. 이러한 조건 속에서 우리는 행동자도 되며 방관자도 되고 있는 것이다. 우리가 그것에 어떻게 반응하느냐에 따라, 이 세계에서 우리가 좋아하는 것과 싫어하는 것, 우리가 취하는 행동, 우리가 가치를 인정하거나 실천하는 예술의 성격, 과학 평가의 성격들이 결정될 것이다. 뿐만 아니라 이 반응은 교육에 관해서 단순하고도 실제적인 어떤 솔직한 제안을 하게 할 것이며, 이것은 일차적인 것과 궁극적인 것에 대한 논쟁의 기점이 될 것으로 나는 상상하고 있다.

6

    우리는 이제야 산업 과학혁명(industrial scientific revolution)과 더불어 살기 시작하였다. 우리는 그것의 관리를 위한 첫 긍정적인 조치를 취하였으며, 거기서 받는 이득을 흡수하는 동시에 그로 인한 손실에 대해서도 보상책을 강구한다. 현대의 산업 사회, 예컨대 북부 이탈리아, 스웨덴 같은 곳은 최초의 랭커셔나 뉴잉글랜드에서 형성되었던 산업 사회와는 질적으로 다르다. 이 전체적인 과정은 아직 우리들의 상식적인 이해로는 포착되지 않는다. 이를 논평하고 있는 우리들은 어디까지나 국외자일 뿐만 아니라, 사회적으로는 가장 위험한 입장에 있고 실제로 참여하는 그들보다 약간의 특권적인 위치에 있을 뿐인 것이다.

    그런데 단 한 가지 점에 있어선 분명하다. 즉, 거기에 참여하고 있는 그들은 산업혁명을 거부해 주었으면 하고 바랐던 방관자들을 한순간도 유의해 본 적이 없다는 점이다. 강연에서도 밝힌 바와 같이, 이 점은 세계 어느 사회에서도 확연히 드러난 사실인 것이다. 우리가 충고를 구해야 할 사람들은 이 증인들이지, 다소 그들보다 행운을 누리고, 그들에게 좋은 것이 무엇인지를 안다고, 자부하는 우리 중의 일부 사람이 아닌 것이다.

    이들을 열광하게 하는 주된 이유는, 앞의 절에서 밝혔지만, 다른 어떤 이유도 필요하지 않을 만큼 강렬한 것이다. 그렇지만 내가 믿기로는, 선택의 자유가 허용될 때 대개의 젊은이들을 도시에 살고 싶도록 만드는 별도의 이유, 그리고 또 한편으로는 거의 모든 특권을 누리지 못한 사람들이 단순한 힘의 관계에 기초를 둔 사회보다도 고도로 조직된 사회를 더 좋아하는 별도의 이유가, 각 개인의 직감적인 세계에 뿌리 깊이 박혀 있는 것 같다.

그 이유 중의 첫째 것은 너무나 분명한 것이기 때문에 설명할 필요도 없을 것이다. 누구나 한때는 젊은 시절이 있는 법이니까. 둘째 것은 다소 미묘한 데가 있다. 그와 반대되는 것 같은 것을 예로 들어 설명하는 것이 좋을 것 같다. 로렌스(D.H. Lawrence)[21]가 다나의 『평선원으로서의 2년간(Two Years Before the Mast)』에 있는 한 일화에 대해서 고찰한 것을 나는 상기한다. 그 구절은 대단히 길지만 전부를 인용할 필요가 있다. 그것은 어떤 배의 선장이 샘이라고 부르는 한 선원을 매질할 때 다나가 느낀 반감에 관한 것이다. 로렌스는 다나의 반감을 비난하고 있다. 로렌스는 그것을 긍정하고 있는 것이다.

주인과 하인 혹은 상관과 부하의 관계는, 사랑과 같이, 본질적으로는 일방 통로의 흐름이다. 그것은 주인과 부하의 사이를 흐르며, 피차에 매우 귀중한 영양을 주며, 함께 미묘하고도 요동하는 생명의 균형을 유지하는 회로이다. 원한다면 그것을 부정해도 좋다. 그런데 일단 주인과 부하를 추상화하여, 그것을 생산, 임금, 능률 등의 개념으로 바꾸어놓는다면 양쪽 모두 자기 자신을 행동으로 되풀이하는 기계로 생각하며, 주인과 부하 사이의 살아서 요동하는 회로에 있어서의 기계적인 조화로 변하고 말 것이다. 그것은 전적으로 인생과 다른 것, 인생에 반한 것이 아닐 수 없다.

......

매질하는 것.

---

21) 로렌스, 『고전 미국문학 연구(Studies in Classic American Literature)』 제 9장.

여기에 샘이라고 하는 한 우둔한 뚱보 사나이가 있어서, 이 사나이는 때가 지남에 따라 점점 더 느림보가 되고, 게으름뱅이가 되어 간다. 여기에 또한 자기의 권위가 통하지 않는다고 신경 과민한 주인이 있다. 샘이 나태해지는 것을 보니 속이 메스꺼워진다. 그래서 주인은 불처럼 노한다.

거기에는 명령과 복종에 관한 매우 불안정한 평형 상태에 있는 두 인간, 선장과 샘이 있는 것이다. 그것은 방향성을 가진 흐름, 분명한 방향을 가지고 있는 것이다.

……

〈저 더러운 돼지를 단단히 묶어라!〉 노한 선장은 소리친다. 그리고 그 게으름뱅이 샘의 등에 찰싹찰싹 매질한다. 어떻게 되는 것일까? 선장의 분노의 전류(電流)는 매질하는 소리 밑에서, 샘의 등뼈의 둔감한 신경의 마디마디 속으로 스며든다. 쩽그링 와르르 소리 내며 전광(電光)은 곧장 살아 있는 신경의 핵심에 와 닿는다.

이렇게 산 신경은 반응한다. 그리고 진동이 시작된다. 피는 더 빨리 돈다. 모든 신경은 생명을 되찾는다. 그것은 신경의 강장제이다. 샘이라는 인간에게는, 새로운 밝은 지성과 통증이 있는 등만이 남는다. 선장에게는 그의 권위에 대한 새로운 구원과 새로운 평온과 양심의 가책이 남는다.

거기에는 새로운 평형과 재출발이 있는 것이다. 샘의 육체적인 총명은 회복되었고, 선장의 혈관 속의 격노는 사라졌다. 이것이야말로 인간의 합일, 교섭의 자유스러운 형태인 것이다.

매질당한 것이 샘에게는 오히려 다행이며, 매질하는 것이 선장에게는 다행스럽다고 나는 말하겠다.

이런 생각은, 일찍이 회초리를 잡아본 적이 없는 사람, 또 그런 가망이 없는 사람, 즉 이 세상의 대부분의 가난한 사람, 우리의 동포인 모든 특권이 없는 사람, 거의 대부분의 대중들의 마음에 비추는 것과는 정반대가 될 것이다. 이 사람들은 샘처럼 나태한 사람은 아닐 것이다. 그리고 다른 사람의 힘에 예속되기를 원하지 않을 것이다. 그들은 정서의 직접적인 표현, 즉 〈생의 회로(the circuit of vitalism)〉[22]라든지, 〈생명의 피의 접촉(the blood contact of life)〉과 같은 것의 효능을 말하는 루소 같은 견해를 받아들이지 않는다. 그들은 받는 쪽에 서서 타인의 기분을 견뎌 왔다. 그들은 주종 관계라는 아름다운 것에 아무런 낭만을 느끼지 못하는 것이다. 그런 환상은 한 계단 올라서서 굽어보는 방관자에게만 통용된다. 가난한 자로서의 오랜 경험을 통해서 그들은 직접적인 권력의 진정한 조건이 어떤 것인지를 알고 있다. 만일 그것을 진정한 인간성과 지혜로서 다루기를 요구한다면, 브루노 베텔하임(Bruno Bettelheim)의 『양식 있는 마음(The Informed Heart)』을 읽어보기를 권하고 싶다.

 이리하여, 특권이 없는 사람들은 선장과 샘의 관계와는 되도록 다른, 물론 그런 모양으로 연결되어 있는 사회를 선택해 왔으며, 그것은 놀랄 만큼 그들 사이에 일치하고 있었다. 노동조합, 집단 판매, 현대 공업의 모든 시설, 그것들은 가난을 경험하지 못한 사람들에게는 미치게 만드는 것들인지도 모른다. 그러나 그것들은 철조망처럼 한 개인 의지의 직접적인 주장 앞에 맞서고 있는 것이다. 그래서 가난한 사람들이 절망으로부터 벗어나자마자, 그들이 최초로 거절한 것은 한 개인 의지의 주장이었다.

7

과학혁명이 우리의 주변에서 진행되고 있는데, 문학은 그로부터 무엇을 취하고 있을까? 이것이 내가 강연에서 언급했던 논제의 하나였지만 그 대부분은 논점으로 남겨두었었다. 아마 몇 해 안으로 이에 대한 검토를 하게 될 것으로 믿는다. 나로서는 문학에 대한 논쟁에 있어서 보다 분명한 전망이 서기를 바라고 있다. 이 자리에서 나는 현재의 나의 생각을 제시하기 위해서 한두 가지의 의견을 말해 볼까 한다. 이에 다시 유용한 것을 덧붙일 수 있다고 확인했을 때는 적절한 시기에 다시 이 문제로 돌아올까 한다.

문제의 중심에서 약간 벗어난 데서부터 시작해 보자. 여러 작가 가운데서도 도스토예프스키는 내가 가장 잘 알고 있는 작가이다. 내 나이 20세 때, 『카라마조프의 형제들』은 지금까지 씌어진 소설 가운데서 가장 뛰어난 소설이며, 그 작가도 가장 훌륭한 소설가라고 생각했었다. 이러한 나의 열광은 차츰 제한을 받았고, 나이가 들면서 톨스토이 쪽이 더 중요한 것 같이 생각되었다. 그러나 오늘날에도 도스토예프스키는 내가 가장 찬양하고 싶은 작가 중 한 사람이다. 같은 빛을 내는 작가는 톨스토이 이외에 2, 3명 정도밖에 없는 것 같이 생각된다.

이처럼 개인적인 취향을 표명한다는 것이 생각보다 부적절한 것은 아니다. 위대한 작가 가운데서 도스토예프스키만큼 자기의 사회에 대한 태도를 분명히 밝히고 있는 작가도 없을 것이다. 그의 소설에서는 애매하지만, 그의 명성이 절정을 이루던 50대였던 1876년에서 1880년 사이에 매달 한 번씩 출판된 『작가의 일

기』에서는 분명히 드러나 있다. 단독적인 노력으로 씌어진 이
『일기』에서 그는 독자의 마음의 문제에 해답을 주고 있으나(그
조언은 언제나 실제적이며 현명한 것이었다), 정치적 선전과, 열렬
하면서도 애매하지 않은 필치로 행동에 대한 그 자신의 기준을
표현하는 데 대부분의 지면을 할애하고 있다.

 그의 일기는 90년이 지난 오늘날에도 독자를 소름 끼치게 한
다. 그는 마음속으로부터 반 유태적이며, 전쟁을 기원했고, 때
와 장소를 불문하고 어떠한 노예 해방도 반대하였다. 또 그는
열렬한 독재 정치의 지지자인 동시에 일반 서민들의 생활 개선
에는 열렬히 반대하였다(그들은 고난을 사랑했고 또 고난을 통해서
만 자기 자신을 고상하게 할 수 있다는 이유를 내세워). 사실 그는
비할 데 없는 보수주의자였다. 그 이후의 작가들은 이러한 입장
을 동경하기는 했지만, 아무도 그가 타고난 강렬한 힘과 심리적
인 복잡성을 갖춘 이는 없었다. 우리는 그가 진공 속에서 공허
하게 말한 것이 아니라는 점에 주목할 필요가 있다. 이 점은, 똑같
이 비난 받을 만한 소리를 떠들썩하게 했던 로렌스의 경우와는
다르다.[23)] 도스토예프스키는 어디까지나 사회 속에서 산 작가였

---

23) 『무지개(The Rainbow)』, 제12장에서 많은 예 중 하나를 들어보겠다. 〈증
오심이 우르술라의 마음에서 솟구쳤다. 그녀가 그 기계를 쳐부술 수만 있
었다면 그렇게 했을 것이다. 그녀의 마음은 오직 이 거창한 기계를 쳐부수
는 데 있었다. 그녀가 탄광을 파괴하고 위기스턴(Wiggiston)의 모든 사람
들의 직장을 빼앗을 수만 있다면 그렇게 하고 싶었다. 이러한 몰록
(Moloch, 신자가 아이를 제물로 바치는 셈족의 신)을 섬기느니 차라리 그
들을 굶어 죽게 하고 땅을 파헤쳐 뿌리를 찾게 하라.〉
 이상은 러다이트의 소신 같은 것을 밝혀주는 말이다. 〈저 사람들(those
others)〉이란 희생을 감수하고 대가를 지불할 것을 설득당하는 쪽의 사람
들이다. 만일 도스토예프스키가 러다이트의 행동을 일으키도록 권고했다

고, 그의 일기는 영향력을 가졌으며, 초보수주의자의 대변자로서 행동하였다. 초보수주의자들에게 도스토예프스키 자신은 부지불식간에 일종의 심리적인 조언자로서 행동하였던 것이다.

　이처럼 사회를 보는 견해에 있어서는 나는 그와 생각을 달리한다. 내가 만일 그의 시대에 살았다면, 그는 나를 그의 목적에 끌어 들이려고 했을지도 모른다. 그럼에도 불구하고 그는 위대한 작가라는 것을 나는 알고 있으며, 그것도 어떤 맹목적인 찬양이 아니라 보다 따스한 피가 통하는 심정으로 그렇게 느끼고 있는 것이다. 오늘의 소련인들도 그를 위대한 작가로 알고 있으며, 느끼는 방식도 나와 비슷하리라고 생각한다. 한 작가가 훌륭한 작가일 때, 후손들은 긴 안목에서 관용을 베푸는 법이다.[24] 아무도 도스토예프스키를 유쾌한 인물이라고 부르지는 못할 것이며, 그는 실제로 어떤 면에서 해독을 끼친 사람이었다. 하지만 그를 관대하고 도량이 넓었던 체르니셰프스키(N.G. Chernyshevskill, 1828-1889)와 비교해 보라. 도스토예프스키와는 정반대로, 그는 세계의 장래에 대해서 어떤 의견을 가지고 있었으며 그의 예견은 진실에 매우 가까웠다는 것이 밝혀졌다. 체르니셰프스키의 선의(善意)와 사회에 대한 열의는 오늘날까지 우리들의 뇌리에 선명히 남아 있다. 하지만 후세 사람들은 잘못된 판단이나 사악한 판단을 무시하기 일쑤다. 그리고 오늘날까지도 생명을 유지하고 있는 것은 도스토예프스키의 작품인 것이다. 이 두

면 그는 그런 권고를 아무렇게나 중지하지 않았을 것이며, 기계를 쳐부수는 계획 같은 것을 썼을 것이다.
48) 오든(W.H. Auden, 과학적 소양과 과학적 통찰력을 겸비한 백 년에 몇 사람 안되는 시인의 한 사람)은, 『예이츠의 회상(In Memory of Yeats)』에서 이 점을 더 잘 말하고 있다.

사람의 개인의 역사를 조금이라도 알게 되면, 후세의 사람들은 본의 아닌, 비꼬는 웃음을 띨 테지만, 『무엇을 해야 할 것인가 (What is to be done?)』와 『카라마조프의 형제들』 중에서 어느 것을 택할 것인지를 알고 있다.

미래에 있어서도 이와 다를 바가 없을 것이다. 변화의 본질을 무시하며, 아무도 예견할 수 없는 사회적 변혁을 일으키는 과학 혁명을 적대시하는 사람들은 마치 모든 문학적 판단이 오늘의 런던이나 뉴욕에서 이루어지고 있는 견해와 영구히 같다는 듯이 생각하며, 이야기하며 또 그렇게 되기를 바라는 경우가 많다. 마치 문학인들이 마지막으로 의지할 근거로서의 어떤 사회적인 대지에 이미 도달한 것처럼 생각하지만 그것은 당치도 않는 이야기이다. 《에든버러 리뷰(Edinburgh Review)》(1802년 영국에서 발행된 최초의 문예 평론지)와 《파르티잔 리뷰(Partisan Review)》(1934년에 발간된 미국의 평론지)와의 사이에 일어난 것과는 비교할 수도 없을 만큼 가속도로 사회의 모체는 변화할 것이며 교육도 변화할 것이다. 그리고 판단도 달라질 것이다. 그렇다고 해서 극단적인 주관주의에 빠질 필요는 없을 것이다. 일류 작가들은 새로운 카테고리가 출현하더라도 이에 견디며 살아남을 수 있고, 그들 자신의 것도 포함한 이데올로기의 영향에도 저항할 수 있을 것이다. 우리가 독서하는 데 따라 그만큼 우리의 상상력은 우리가 믿는 한계를 넘어서 보다 넓게 확장되어 간다. 마음이 내키지 않는 것에 우리의 마음의 문을 닫는다면 우리 스스로를 천한 (mean)[25] 것으로 만들고 만다. 내가 존경하는 현대인 가운데서

---

25) 여기서 mean은 영국식 영어와 미국식 영어의 두 의미를 내포한다.

버나드 말라무드(Bernard Malamud), 로버트 그레이브스(Robert Graves), 윌리엄 골딩(William Golding)을 들겠다. 이 세 사람을 내가 상상하는 문학적 혹은 비문학적인 하나의 유형, 또는 이데올로기 같은 것으로 동화시킨다는 것은 매우 어려운 일이다. 따라서 현대와 다른 미래의 사회에 있어서도 오늘날의 위대한 몇몇 작가들은 여전히 존경을 받을 것이다. 도스토예프스키가 선구자적 위치를 굳히고 있는 서구의 〈전위〉문학(the literature of the western avant-garde)으로서 최근에 이르기까지도 계속되고 있는 문학 〈운동〉에서 활동하는 중요한 인물들에 대해서도 이 말은 해당될 것이다.

이 운동에 참가한 작가들은 오늘날 흔히 〈모더니스트〉 혹은 〈모던스(moderns)〉라고 불린다. 이미 19세기에 시작되었고, 적극적인 활동가를 거의 갖지 않는 이 유파에 대해서 불려진 〈모더니스트〉라는 명칭은 좀 기묘한 느낌도 없지 않으며, 문학적 용어란 기묘한 것이어서, 만일 이 용어가 싫으면 〈뉴 칼리지(New College)〉라든지 〈아르 누보(art nouveau, 새로운 예술)〉와 같이 사용되는 일종의 형용사로 편의상 생각하는 것이 좋을 것이다. 어쨌든 그것이 무엇을 말하려 하는지를 우리는 모두 잘 알고 있는 터이다. 그것을 대표하는 다음과 같은 작가들 사이에서 분명한 일치점을 찾아볼 수 있을 것이다. 라포르그(J. Laforgue, 1860-1887), 헨리 제임스(Henry James, 1840-1916), 뒤자르댕(E. Dujardin, 1861-1949), 도로시 리처드슨(Dorothy Richardson), 엘리엇(T.S. Eliot), 예이츠(W.B. Yeats), 파운드(E. Pound), 흄(T.E. Hulme, 1883-1917), 조이스(J. Joyce, 1882-1941), 로렌스(D.H. Lawrence), 솔로구프(Sologub, 1863-1927), 앙드레이 벨리

(Andrei Bely, 1880-1934), [26] 버지니아 울프(Virginia Woolf, 1882-1941), 윈덤 루이스(Wyndham Lewis), 지드(A. Gide), 무질(R.E. Musil, 1880-1942), 카프카(F. Kafka, 1883-1924), 벤(G. Benn, 1886-1956), 발레리(P. Valéry, 1871-1945), 윌리엄 포크너(William Faulkner, 1897-1962), 베케트(S. Beckett, 1906-1989).

문학적 취향에 따라, 또 모더니즘의 내용에 대한 기본적인 태도에 따라 그 명단을 늘릴 수도 있고, 줄일 수도 있을 것이다.[27] 가장 강력한 반대자 루카치(G. Lukács)는 토마스 만(Thomas Mann)을 이에 포함시키려 하지 않을 것이며, 그 옹호자의 한 사람으로 지목되는 트릴링(L. Trilling)은 토마스 만을 포함시킬 것이다.

모더니스트의 운동이 상당히 오랫동안 서구 문학에 있어서의 뛰어난 작가들을, 비록 전부라고는 할 수 없어도 그 대부분을 포함한다는 점을 우리는 인정하지 않을 수 없다. 또한 작가의 개별적인 작품이 저마다 고유한 존재 가치를 갖는다는 것, 모더니스트의 가장 위대한 작품도, 도스토예프스키의 창작처럼, 변천하는 문화에 대한 논의의 기복을 초월해서 존속해 가리라는 것을 인정하지 않을 수 없다. 그러나 이 운동이 사회적 연관(즉, 그것이 발생한 사회적 기원이라든지 사회에의 영향)에서 갖는

---

26) 체호프의 죽음(1904)에서 혁명 직후에 이르기까지 소련에서는 모더니스트 문학(그 밖의 예술)이 쏟아져 나왔다. 오늘의 소련인들은 말하기를 자기들은 그런 것에 모두 지쳤으며 별로 그것을 대수롭게 생각하지 않는다고 가끔 말하고 있지만 자기들의 독자적인 상황을 만들어내지는 않고 있다.

27) 시트웰(Edith Sitwell) 여사는 그녀를 모더니스트파에 포함시킬 것인가의 여부에 대한 질문을 받고, 그 어느 쪽도 틀렸다고 대답하였다.

의미라든지, 오늘날의 분열된 문화의 의미, 그리고 그것이 미래에 끼치게 될 영향에 대해서는 그들 간에 상당한 의견의 차이가 있으며, 우리들 중 대부분이 죽은 후에도 이러한 의견의 차이는 계속될 것으로 보인다.

최근에 이와 관련된 세 권의 흥미로운 저서가 나왔다. 라이오넬 트릴링(Lionel Trilling)의 『현대 문학에 있어서의 현대적 요소(The Modern Element in Modern Literature)』[28] 스티븐 스펜더(Stephen Spender)의 『현대인의 투쟁(The Struggle of the Modern)』,[29] 게오르그 루카치의 『현대 리얼리즘의 의미(The Meaning of Contemporary Realism)』[30]가 그것이다. 무엇보다도 두드러진 점을 든다면 그들이 모더니즘이나 근대 문학을 논하는 데 있어서 그들은 분명히 같은 것을 논하고 있다는 것이다. 그들은 평가하는 방식이 다르고, 형식상의 분석 방식도 다르기는 하지만 그 배후에서 그들이 보이는 반응은 본질적으로 다를 바가 없다.

28) 『파르티잔 리뷰 선집(Partisan Review Anthology)』, 1962. 〈두 문화〉에 대한 트릴링의 논문(《코멘터리》, 1959년 6월)은 나를 당혹케 하였다고 말해야 할 것 같다. 작가가 자기는 잘못 해석되고 있다는 것을 호소하는 일만큼 따분한 것도 없으리라. 대개는 자기 자신의 잘못에 기인한다. 하지만 나는 트릴링이 내가 전혀 말한 바도 주장한 바도 없는 문학상의 견해를 나의 것으로 돌리고 그가 그때까지 전후해서 썼던 것을 기초로 판단한 그 자신의 견해같지도 않은 것에 따라서 공격하고 있다는 점을 지적하고 싶다. 그린(Martin Green)은 나보다도 훨씬 더 적절하게 설득력 있고 그리고 냉정하게 이 문제를 다루고 있다. 《에세이즈 인 크리티시즘(Essays in Criticism)》(1963) 겨울호를 보라.
29) 스펜더(Stephen Spender), 『현대인의 투쟁(The Struggle of the Modern)』 (하미시 하밀튼사, 1962).
30) 루카치, 『현대 리얼리즘의 의미(The Meaning of contemporary Realism)』 (멜린 프레스, 1962, 원저는 1957년에 독일에서 출판되었다).

루카치와 트릴링의 대결은 양자의 강한 개성 같은 것을 보여준다. 그들은 저마다 매우 현명하고, 또 비슷한 모양으로 현명한 사람들이었다. 그리고 이 두 사람은 다 같이 문학 비평에 일련의 비문학적 연구방법(non-literary disciplines)을 끌어들이고 있다. 즉 루카치는 철학과 경제학을, 트릴링은 프로이드 심리학을 끌어들였다. 그들은 종종 비경험적이라는 인상을 준다는 점에서 같으며, 그들이 경험적으로 되려고 시도할 때는 으레 과장하는 경향이 있다. 모더니즘에 대하여 루카치는 온건하고 정중한 반대의 입장을 취하는 데 대해서 트릴링은 헌신적으로 찬성하는 입장을 취한다. 루카치는 모더니즘의 특징을 가리켜 설화(說話)의 객관성의 배제, 개성의 해소, 비역사성, 인간의 조건에 대한 정관적(靜觀的) 태도(이것이 내가 주로 말하는 사회적 조건을 의미한다)라고 하였다.

트릴링의 견해는 대부분의 우리들에게는 잘 알려져 있지만, 다음에 최근의 그의 논문 가운데서 분명한 일절을 인용해 보기로 한다.

『마의 산(the Magic Mountain)』의 저자는 한때 말하기를, 〈자기의 전 작품은 자신을 중산계층으로부터 해방시키려는 노력으로 이해할 수가 있으며, 이것은 물론, 근대 문학의 의도——그 목적은 중산계층으로부터의 이탈이 아니라 사회 그 자체로부터의 이탈이다——를 설명하는 데 도움이 될 것이다〉라고 하였다. 자기파괴나, 사회적인 유대관계로부터 완전히 벗어나서 자기의 관심이나 도덕성 같은 것도 돌보지 않고 자기를 경험이 이끄는 대로 내맡기는 데까지 도달하는 자기상실의 사상은 모든 근대인의 마음 한구석에 있는 〈요소(an element)〉이며, 그들은 아놀드가 그의 있는 그대로의 빅토리아 풍의 방식으로 〈완전한 정신적 완성〉이라고 이름 붙인 것을 생각하려고 하는 것이다.

루카치나 트릴링의 논문과 같이, 면밀한 논증, 심각한 사고, 그래서 종종 우리를 감동케 하는 논문을 차례차례 읽어보면 우리는 그것을 이미 어디서 본 것 같은 기묘한 느낌을 갖게 된다. 이 두 사람의 통찰은 매우 다른 것 같이 보이면서도 동일한 현상을 보고 있는 것이 아닐까. 한쪽은 긍정하고 또 한쪽은 부정하고 있지만 거기에는 하나로 연결되어 있는 것이다. 그들은 모더니즘의 사회적인 동기에 대한 의견에 있어서는 서로 맞지 않을지도 모른다. 그러나 그 어느 쪽도 단순하다고 생각하기에는 너무나 미묘한 바가 있다. 해리 레빈[31]이 논증해 준 바와 같이, 고전적인 19세기 리얼리즘의 기원은, 우리가 보통 생각하는 것보다는 훨씬 복잡하다.

루카치와 트릴링은 무엇이 일어났는가를 기술하고 있지만 그들의 기술은 내면적으로는 혼합되어 있다. 그 까닭은 트릴링이 말하는 〈사회로부터의 자유(freedom from society)〉는 사회라는 것을 정적(靜的)으로 생각하는 견해를 전제로 하고 있기 때문이다. 이것은 예술가의 낭만적인 생각을 극단적으로 밀고 간 것으로서, 예술가의 낭만적인 생각이라는 것은, 변화의 영향을 받지 않으며, 과학혁명의 영향도 받지 않는 사회적인 완충물 같은 것이 있어서 이것에 의지해서만 완전한 의미를 가지게 될 것이다. 이러한 태도, 이러한 욕망은 당초의 분열을 전도시켜 개인의 조건

---

31) Harry Levin, *The Gate of Horn* (Oxford, 1963).

에는 낙천적인 견해를 취하게 하고 사회의 조건에 대해서는 비관적인 견해를 취하도록 하는 결과가 될 것이다. 물론 트릴링은 이렇게 하려고 원하지는 않을 것이며, 또 그는 너무 진지한 사람이기도 하다. 그러나 그것은 모더니스트 문학에 있어서 가장 잘못된 유혹적인 특징이 아닌가 생각된다.

나는 여기서 어느새 하나의 질문을 제기하는 자신의 위치를 발견하게 된다. 이 질문은 어떤 수사학적 질문은 아닌데, 이에 대한 해답을 나는 알지 못한다. 그 해답을 안다는 것은 만족스러운 것임에 틀림없으리라. 그 질문은 다음과 같다. 즉, 과학혁명이 주는 희망, 다른 인간들을 위한 겸허하고도 어려운 희망을 함께 나누어 가지면서, 동시에 지금까지 논한 문학의 제한을 받지 않고 참여한다는 것이, 대체 언제쯤이면 가능하게 될까?

8

마지막으로, 사람들은 나의 강연을 가리켜 정치라는 것을 잊고 있는 강연이라고 말해 왔다. 얼핏 보아 이 말은 이상하게 생각된다. 왜냐하면 소설이나 논문을 통해서 나는 현대의 여러 다른 사람들보다는 정치, 특히 〈폐쇄된 정치(closed politics)〉(즉, 중요한 결정을 내리는 데 있어 취하는 방법으로서 세상 사람들이 생각하는 것과는 대조적으로 권력자들에 의해서 내려지는 방법)에 대해서 더 많은 것을 써 왔기 때문이다. 그러나 이러한 종류의 비판은 겉으로 보기보다는 이상하지 않은 것이 그러한 비판을 입에 올리는 사람들은 그 말이 지니고 있는 명백한 뜻과는 다른 뜻으로 말하고 있기 때문이다. 즉, 그들이 말하는 〈정치(politics)〉란 대부분의 우리들이 이해하는 것보다 제한되어 있고, 게다가 나의 생각으로는 심히 위험한 것으로 본다. 잔인하게도 그들은 〈정치〉란 것을 냉전의 수행으로 의미하고 있는 것이다. 그들의 비판은 결국, 1959년에 냉전을 하고 있다는데 내가 그 강연에서 냉전에 대해 언급하지 않고 있다는 것이다. 혹은 보다 불길하게도 내가 냉전을 우리 시대의 또 금후의 모든 시대의 절대적인 것으로 받아들이고 있지 않다는 것이다.

물론 나는 1959년에도, 그 이전에도 여러 해 동안 그렇게 하지 않았다. 모든 징조, 즉 인간적·경제적 그리고 무엇보다도 과학기술적인 징조가 그와는 반대되는 방향을 가리키고 있는 것으로 생각되었던 것이다. 군사 기술이라는 것을 좀더 면밀히 조사해 보면, 기묘하게도 그것은 위험도를 더욱 날카롭게 할 뿐만 아니라 희망의 가능성도 없지 않다는 것을 알게 될 것이다. 왜냐하면 군사 기술 면에서 무엇이 갑자기 나타날지 알 수 없는 불안은, 냉전을 그대로 장기간 방치해 둘 수 없다는 것이 아주 분명하였기 때문이다. 그것이 이른바 정치라는 것으로서, 내가 문제로 삼고, 또 그 힘을 빌어 판단을 내린──그 판단은 나를 비판하는 사람들과는 전적으로 다른──공개적인 의논이 비등했던 것이다. 나의 몇 가지 판단은 잘못된 것이었다. 나는 리드 강연에서 중국의 공업화 속도를 과대평가했었다. 하지만, 그 밖의 보다 중요한 문제에 있어서는 그로부터 시간이 경과했고 당시의 추측을 확인할 수 있는 현시점에서는 변경시킬 이유를 찾지 못하고 있다.

이리해서 나는 당초에 내가 말하려던 주요 문제로 돌아오게 된다. 나는 여기서 거듭 나의 소신을 밝혀두고 싶다. 의사소통을 할 수 없는, 또 의사소통을 하지 않으려는 두 문화의 존재는 위험하다고 본다. 과학이 우리들의 운명을 크게 좌우하는, 즉 우리들의 삶과 죽음의 문제를 결정한다는 시대에 있어서는 단지 실제적인 견지에서만 본다 하더라도 그것은 위험하기 이를 데가 없는 것이다. 과학자들은 잘못된 조언을 하는 수도 있을 것이고,[32] 정책 결정자들은 그것이 잘된 것인지 잘못된 것인지를 분간하지 못하는 수도 있을 것이다. 한편 분열된 문화를 갖는 과학자들은 자기들에게만 통용되는 가능성에 대한 지식을 제공한다. 재난을 피하기 위하여, 혹은 우리들의 양심과 선의에 도전하는 것으로서 대기하고 있는 사회적 희망(social hope)이라고 정의될 만한 것을 충족시키기 위하여 우리는 오랜 세월을 두고 참고 견딜 각오가 되어 있어야 하지만, 위에서 말한 것들은 모두 정치의 과정을 더욱 복잡하게 만들고 경우에 따라서는 더욱 위험한 것으로 만든다.

오늘날 우리는 이를테면 절반에 그치는 교육(half-educated)에 만족하면서, 마치 몇 개 안 되는 단어밖에 모르는 주제에 외국어를 들으려고 하는 것과 마찬가지로, 누가 보아도 분명히 중대하다고 생각되는 정보를 들으려고 버둥거리고 있다. 기술의 논리가 정치의 과정 자체를 변경시키거나 만들어내는 수도 있으며, 그런 경우가 많다. 핵실험의 경우, 바로 이런 현상이 일어나고 있는데, 여기서는 다행히도 우리 시대에서는 보기 드문 인간의 양식이 승리를 거두고 있는 것이다. 교육받은 사람들이 기

---

32) 나는 이 문제를 『과학과 정부(Science and Government)』 및 그 부록(뉴 아메리칸 라이브러리, 1962)에서 논하였다.

술의 논리라는 것에 언어의 논리만큼 정통해 있었더라면 그 승리는 더 빨리 왔을 것이다. 그렇지만 우리들의 승리를 경시하지는 말자. 1940년의 여름에 나의 한 친구가 말해 준 것처럼, 최악의 상태가 언제나 일어나는 것은 아니다. 우리는 과학이 우리에게 주는 보다 큰 위험을 피하고, 또 그것을 극복하리라는 것을 나는 믿기 시작하고 있다. 만일 내가 강연 내용을 또 한번 쓴다면, 비록 그 속에는 다소의 불안 의식 같은 것은 언급되겠지만 공포심은 줄어들 것으로 생각한다.

과학기술의 위험을 피한다는 것과 과학기술이 인간에게 가져다 주는 명백한 행복을 실현시킨다는 것은 별개의 문제로서 후자는 더욱 어려운 문제이며 보다 풍부한 인간성(human qualities)을 필요로 하거니와, 긴 안목에서 볼 때 인간 전체를 더욱 유복하게 해줄 것이다. 그것은 에너지와 자각과 새로운 숙련을 필요로 할 것이다. 그것은 비밀 정치와 공개 정치에 대한 새로운 통찰을 필요로 할 것이다.

여기서도 그렇지만, 강연에서도 나는 문제 상황의 한구석만을 취급했으며, 주로 교육자들과 또 한편으로는 누구나 이해하고 또 이해할 수 있는 것에 대하여 교육 받은 사람들을 향해서 이야기를 했던 것이다. 교육의 변화만 가지고 우리들의 문제가 해결되는 것은 아니지만 또한 이러한 변화 없이는 우리들의 문제가 무엇인지조차 이해하지 못할 것이다.

궁극적으로 교육의 변화가 곧 기적을 낳지는 않을 것이다. 하지만 우리들의 문화의 분열은 필요 이상으로 우리를 우둔하게 만들 것이다. 우리는 커뮤니케이션을 어느 정도는 손질할 수도 있을 것이다. 하지만 앞에서도 말한 바 있듯이, 피에로 델라 프란체스카(Piero della Francesca)나 파스칼(B. Pascal)이나 괴테(J.W. Goethe)가 그들의 시대의 세계를 이해한 것처럼, 우리들의 현대의 세계를 충분히 이해할 수 있는 남성과 여성을 길러내지는 못할 것이다. 그렇지만 행운을 누리게 되는 날에는 우리는 많은 훌륭한 인재를 육성할 수 있을 것이다. 이들은 예술과 과학에 있어서의 풍부한 상상적 체험을 무시하지 않을 것이며, 과학기술이 베풀어 주는 것, 그리고 그들과 다를 바 없는 다른 많은 인간들이 겪고 있는 제거시킬 수 있는 고난을 방치해 두지 않을 것이며, 또 일단 부정할 수 없는 책임이 밝혀지게 될 때 그것을 무시하지 않을 사람들일 것이다.

III 스테판 콜리니의 해제

    1959년 5월 7일 오후 5시가 조금 지날 무렵, 뚱뚱한 사람 하나가 케임브리지에 있는 이사회관의 서쪽 끝 연단으로 뒤뚱거리며 다가갔다. 석고로 화려하게 장식된 신고전주의풍 건물 안에는, 케임브리지의 자랑스러운 대중 행사의 하나인 연례 리드 강연에 모여든 많은 교직원과 학생들이 여러 귀빈과 함께 앉아 있었다. 그들에게 곧 연설을 할 사람은 C.P. 스노우였다(그 당시에는 보다 형식적인 찰스 경(Sir)이었고, 곧 스노우 경(Lord)이 되었으나, 그의 이름의 머릿글자로 세계에 더 잘 알려졌다). 스노우는 이전에 실험과학자였고, 공직과 민간 산업체에서의 고위 행정 경험도 있으며, 저명한 소설가이자 평론가로서, 그 당시는 모든 형태의 논제에 대해 그의 견해를 발표할 수 있도록 허가된 대단한 〈대중적 명사〉의 지위를 얻고 있었다. 한 시간 뒤 자리에 앉을 때까지, 스노우는 적어도 세 가지 일을 했다. 그는 하나의 관용구, 아마도 하나의 개념까지를, 자랑할 만한 성공적인 국제 경력을 바탕으로 진수시켰고, 현대 사회의 반성적인 관찰자라면 누구라도 언급할 필요가 있는 하나의 문제(또는, 그렇게 드러났듯이, 몇 개의 문제)를 형식화했으며, 그리고 또 그 범위, 그 연속성, 그리고 때때로 그 집중력에 있어서 주목할 만한 하나의 논쟁을 출발시켰다.

스노우의 강연 제목은 〈두 문화와 과학혁명〉이었다. 그가 밝힌 〈두 문화〉는 문학적 지성인과 자연과학자들의 문화였고, 그는 그들 사이에서 깊은 의심과 몰이해가 발견되며, 그 결과 세계적인 문제들의 해결을 위해 기술을 적용할 수 있는 희망에 장애가 된다고 주장했다. 그러나 이 논제를 케임브리지 청중들에게 끄집어내자, 스노우는 갑자기 대중적으로 각광받는 논쟁 주제로 뛰어들게 되었고, 그것은 지구 반대편에까지 메아리쳤으며, 끊임없이 사람들의 마음을 빼앗고 자극했다. 왜냐하면 결과적으로 스노우는 그가 밝혔다고 믿는 두 문화 사이의 관계가 무엇이어야 하는가를 묻는 것 이상을 했으니, 두 분야의 지식에 있어 사람들에게 적절한 교육을 제공하기 위해서는 학교와 대학의 교육과정이 어떻게 조정되어야 하는가를 묻는 것 이상을 했던 것이다. 이런 절박하고 연속된 질문을 넘어, 그는 세계의 지도적 국가 중에서 영국의 위치가 어디인가를 물었다. 그는 부국들이 빈국을 어떻게(여부가 아니라 방법) 도와야 하는가를 물었고, 인류의 식량문제를, 또 인류의 미래에 무슨 희망이 있는가를 물었다. 스노우의 독창적인 형식화(formulation)가 과연 적절한가에 대한 의문을 남길 수는 있겠지만, 보다 자신감에 차 있던 1959년의 세계와는 달리 그후의 혼란스럽고 괴로웠던 시기를 경험해 온 오늘날의 우리들이 이런 문제들을 조금은 덜 급하거나 조금은 더 쉬운 것으로 치부해 왔다는 것을 느끼는 것은 불가능하다.

스노우가 제시한 거대한 논제는 어떤 한 학문 분야의 배타적 소유물이 아니다. 실제로 그것은 정당하게 교육받은 모든 시민들의 주의를 요구할 수 있으며, 한 영역의 학술적인 좁은 공간에 한정되어서는 안 된다. 분명히 그것들은 철학자, 역사가 그리고 사회학자들이 습관적으로 고찰해 온 논제의 연속선상에 있다. 또한 그것들이 물리학자, 화학자, 그리고 생물학자들의 기초적인 전문적 활동의 고찰 부분이 되어야 하는가 하는 문제는 뒤이은 논의에서 간단하게 다루어졌다. 이런 이유로, 문화적 역사가의 관점에서 〈두 문화〉라는 관념의 시원(始原)과 중요성을 논하는 것이 인문학의 과학에 대한 어떤 종류의 우월성을 확인하려 한다거나 또는 과학의 막대한 중요성을 경멸하거나 실용적 과학자들의 관점을 고압적인 자세로 추방하려는 것이 아니라는 점이 명백히 되어야 할 것이다. 어쨌든, 스노우와 그의 생각은 근래의 다른 지적 역사의 일화들이 그랬던 것과 같은 운명을 맞이하기 시작했다. 그것들은 더 이상 생생한 현재의 문화로 확실하게 등장하지도 못했으며 끈기 있는 역사적 재구성의 도움을 받지도 못한 채, 어두운 망각 속으로 떨어져버린 것이다. 그러므로 스노우의 질문이 여전히 어떤 영향력이나 관련성을 지니고 있는지 확인하려는 노력 이전에, 그의 작업과 그것의 역사적 충격을 고찰함으로써 그가 제시한 문제들을 들추어내는 것이 도움이 될 것이다. 그러나 우선은 보다 긴 안목에서 논제를 규정하기 위해 이 논쟁 이전의 역사를 간단히 돌아보기로 한다.

역사적 관점에서 본 〈두 문화〉

문화적 열망으로서 〈두 문화〉 사이의 분리에 대한 관심은 근본적으로 19세기로 거슬러 올라가며, 이런 열망의 현대적 형태를 그보다 이른 시기에서 찾아보기는 매우 힘들다. 확실히 서구 사고에는 그리스 여명기 때부터 끊임없이 인문적 지식의 영역 구분이 있어 왔으며, 시대에 따라 하나의 지류나 〈학과〉의 탐구가 위협적으로 지배적이 되거나 또는 접근이 어려울 정도로 난해해졌을 때 내포되는 위험들을 반성하곤 했다. 그러나 중세와 르네상스를 통해 자연에 대한 해석은 일반적으로 단지 〈철학〉이라는 총체적 작업의 한 요소로만 간주되었다. 자연 세계에 대한 연구의 성과들이 무엇을 진짜 지식으로 평가할 것인가에 대한 새로운 표준을 설정한 것은 17세기가 되어서이며, 그나마 이 같은 입장은 그 훨씬 뒤에 역사학자들이 〈과학혁명〉이라는 칭호를 내리는 과정에서 확립되었다. 그리고 그 이후로 〈자연철학자〉(아직도 그렇게 불리듯이)가 채택한 방법은 특별한 문화적 권위를 향유하게 되었다. 18세기의 계몽 운동은 〈정신과학(Moral science)의 뉴턴〉이 되고자 하는 열망을 불러일으켰으며, 그것은 천체역학뿐만 아니라 보다 일반적으로 〈실험적 방법〉의 명성을 입증하고 있다. 그러나 〈정신과학의 뉴턴〉이라는 관용구는 또한 인간적 사건에 대한 연구를 자연 세계를 이해하는 연장선상에서 볼 수 있다는 것을 가리키며, 계몽 운동의 위대한 지적 기념비인 백과사전(L'Encyclopédie)에 의해 제공된 문화의 지도는 인간의 지식을 그후에 이루어진 〈과학〉과 〈인문학〉 사이의 분할에 부합하게 구성하지는 않았다.

지식 상태의 이러한 균열 중 일부가 개인적 수양과 사회적 복지를 모두 해치는 방향으로 펼쳐질 수 있다는 불안감이 퍼지기 시작했는데 그 시기를 추정해본다면 18세기 말과 19세기 초의 낭만주의부터이다. 그러나 이 시점에서도, 위협은 아직 인문학과 자연과학의 학생들의 분리가 서로의 의사소통의 불가능을 뜻하는 것으로 받아들여지지는 않았다. 여러 사람들 중에서도 특히 윌리엄 블레이크가 뉴턴과 그의 유산을 널리 알려질 만큼 통렬히 비난한 것은 사실이다. 하지만 낭만적인 상상력의 옹호자라면, 인간과 자연 세계에 대한 연구 사이에 선을 긋는 것과 마찬가지로, 시인에 의해 드러난 창조력의 충만이나 또는 정서적 활력을 정치경제학이라는 〈음울한 학문(the dismal science. 카알라일이 경제학을 일컬어 사용한 말)〉의 바탕에 있는 인간 생활의 불모화한 개념에 대비시킬 가능성이 많았다. 보다 일반적인 문화적 우려가 표현되는 한, 계산과 측정은 일반적으로 수양과 동정심에 대치되며, 또한 많은 진영에서 우선되는 논쟁점은 차라리 모든 종류의 세속적 지식이 종교적 믿음과 실제적 경건[1]을 괴롭힌다는 가정된 위협이었다.

　지식 형태에 대한 반성이라는 인간활동의 근원(meta)을 캐는 지적 활동은 물론 국가마다 다른 전통에 의해 형성되어 사회적 실천의 영역에 닻을 내릴 것이다. 어떤 사람은 특별히 〈두 문화〉의 불안에 대한 영국적 계보를, 교육과 연구가 진행된 사회 제

---

[1] 이 부분에 대한 간단한 일람을 위해서는 볼프 레페니스(Wolf Lepenies)의 『문학과 과학 사이: 사회학의 등장(Between Literature and Science: The Rise of Sociology)』(1985. 영역, 케임브리지, 1988) 「서문」을 보라. 독일어 원제목인 Die Drei Kulturen은 명백히 스노우의 논문과 연계된다.

도의 독특한 발전에 기인하는 것으로 추론할 수 있다. 이런 독특성은 〈과학〉이라는 술어가 〈물리〉 또는 〈자연〉 과학을 가리키는 좁은 의미로 사용되어 온 언어적 특색에 반영되어 있다. 이것은 영어에서 19세기 중엽에나 일반화된 것이다. 19세기 후반에 작업을 한 『옥스퍼드 영어사전』의 편집자들은 이것이 상대적으로 최근에 발전했음을 알았다. 사전에는 1860년대 이전에는 이런 의미의 예가 제시되지 않았으며, 이것은 첫번째 예증된 인용이 영어의 용법이 다른 유럽 언어들로부터 달라지기 시작한 방향을 암시하고 있음을 드러낸다. 〈우리는 '과학'이라는 단어를, 영국인들이 일반적으로 부여하는 의미, 즉 신학적 형이상학적인 것을 배제하고 물리적 실험적 과학을 표현하는 것으로 사용할 것이다.〉[2] 마찬가지로, 신조어 〈과학자〉가 자연과학을 실천하는 사람들에 대해 제한적으로 사용된 것은 1830년대나 1840년대 이전으로 거슬러 올라가지 않는다. 그 용어를 안전하게 확립한 데 대한 명예는 보통 철학자와 윌리엄 휘웰(William Whewell) 같은 과학사가에게 주어지며, 그는 그것을 1840년의 『귀납적 과학의 철학』에서 사용했다. 그러나 그 용어가 처음 나타난 것은, 1834년 〈물질적 세계의 지식을 추구하는 학생들〉을 묘사하는 단일한 용어의 결핍이 1830년대 초의 〈과학의 진보를 위한 영국협회〉의 집회를 얼마나 당황하게 하는가에 대해 보고한 논설에서였다. 그 논설에 따르면, 〈이것이 일반적 구미에 맞지는 않는다〉[3]고

---

2) 워드(W.G. Ward)의 「더블린 보고서(The Dublin Review)」(1867)에서 인용한 것이다. *OED*, 〈과학〉, 어의 5를 보라. 1987년에 출판된 사전에의 보충은 단순하게 〈이것은 이제 일상적인 사용에 있어 지배적인 의미이다〉라고 말한다.

기록하고 있기는 하지만, 〈어떤 독창적인 신사가 예술가를 본떠서 과학자를 만들기를 제안했다〉는 것이다. 그 뒤 이것이 통용되었다는 것은 자연 세계를 연구하는 사람들 사이에 전문적 동일성에 대한 자의식, 즉 경쟁 문화 사이의 구별에 대해 후발 문화를 위한 근본적인 사회적 전제 조건이 성장했음을 반영한다.

그러나 나머지 문화에 대해 더욱 분리된 〈과학〉의 관계 문제를 절박하게 제기한 사회적 활동은 물론 교육이었다. 이것은 19세기를 지나면서 교육에 대한 국가 체계가 자리잡게 된 유럽의 모든 주요 국가에서 마찬가지였지만, 특히 영국에서 강렬한 형태를 취했다(스코틀랜드는 보다 넓은 것은 물론 보다 민주적인 교육 기구를 유지했다). 적어도 사회적인 이유 때문에, 옥스퍼드 또는 케임브리지에 진학하기 위한 사립 중등학교에서의 고전 교육은 20세기에 이르기까지 가장 특권적인 교육과정으로 남아 있었다(수학이 오랫동안 정신적 훈련의 형태로 고전과 동등하게 취급되긴 했지만). 그리고 과학 교육이 점차 이들 엘리트 기관들을 침투했다. 1850년에 케임브리지에서 자연과학 과정을 설립한 것은 의미 깊은 사건이었으며, 데본셔 공작이 1870년에 캐번디시 연구소를 기증한 것은 또 하나의 사건이었다. 그러나 몇몇 지방들에서는 직업적이고 저급한 활동, 신사를 위한 적절한 교육에 적합하지 않은 것으로 계속 낙인찍혔다. 정말로 모든 단계에서 과학은 교육과정에서 동등한 대우를 받기 위해 싸워야 했으며, 특히 응용과학은 교육계와 산업계 모두에서 저급한 활동으로 간주되

---

3) William Whewell, 'Somerville,' Quarterly Review, 101(1834), 59. 〈영리한 신사〉는 휘웰 자신이라는 제안을 위해서는 Sydney Ross, 'Scientist the Story of a Word,' Annals of Science, 18(1962), 65-85를 보라.

었다⁴⁾(아직도 그런 것 같다). 문학비평의 입장에서 그의 주된 논적인 F.R. 리비스와 스노우 사이의 논쟁을 부분적으로 예기했던 19세기에 있어서의 과학 교육과 문학 교육의 옹호자들 사이의 기본적인 충돌이, 케임브리지에서의 리드 강연도 포함했다는 것은 좋은 의미에서 하나의 아이러니이다.

19세기 후반 동안 가장 널리 알려진 최고의 과학 옹호자는, 마인즈의 왕립학교에서 교수를 역임했고, 후에 런던 임페리얼 칼리지가 된 과학교육기관 설립에 주도적 역할을 했으며, 뛰어난 박물학자이자 비교해부학자였던 토마스 헉슬리였다. 1880년 영국 산업의 중심지인 버밍햄의 공업과 상업에 종사하려는 사람들에게 과학 교육을 제공하기 위해 설립된 기관인 메이슨 대학의 개교 연설에 초청되었을 때, 헉슬리는 전통적인 고전 교육의 수호자들에게 도전장을 던졌다. 과학은 문화의 일부를 형성했으며, 엄격한 정신적 훈련을 제공했음은 물론 국가 복지에도 독립적인 기여를 했다고 그는 확언했다. 다음 세기에는 친숙하게 될 어조로, 그는 전통적인 고전 교육과정을 변호하는 사람들이, 그러므로 정당하지 못하고 근시안적으로, 과학 교육의 필요성에 대해 반대하는 것을 비난했다.⁵⁾

헉슬리의 강연은, 고전 교육 변호자들이 〈우리의 소중한 문화사도〉라 부르는 매튜 아놀드의 저술에서 위안을 찾는 방법과 비슷한 암시를 포함하고 있다. 그때까지 아놀드는 빅토리아 시대

---

4) 애시비(Eric Ashby), 『과학기술과 대학』(런던, 1958), 특히 2, 3장. 스노우는 36쪽에서 긍정적으로 이 작품을 인용하고 있다.

5) T.H. Huxley, 'Science and Culture' (1880), 그의 'Science and Education: Essays' (London, 1893), pp. 134-159에 재수록.

의 영국에서 문학의 지도자였다. 그런데 그는 장학사로서 사회 활동도 했으므로 교육 문제에 있어 양면적 권위를 가지는 것으로 간주되었다. 후에 스노우가 강연하게 될 같은 이사회관에서 1882년에 리드 강연을 하게 되었을 때, 아놀드는 그의 주제로 〈문학과 과학〉을 제안했으며, 명백히 헉슬리의 연설에 대한 도전을 택했다. 그의 전략은 근본적으로 헉슬리가 문학과 과학 교육 사이에 그어 놓았던 날카로운 대비가 거의 사라질 때까지 용어를 다시 정의하는 것이었다. 그는 〈문학〉의 범주가 단지 순수문학(belles-lettres)만이 아니라 뉴턴의 『프린키피아』와 다윈의 『종의 기원』에 이르기까지 거의 모든 위대한 고전을 포함해야 한다고 주장했다. 마찬가지로, 그는 헉슬리가 〈과학〉을 좁은 영어적 의미로 한정시켰고, 언어와 역사의 연구는 체계적 연구 또는 학문(과학, Wissenschaft)의 분야가 될 수 있다고 반박했다. 그럼으로써 아놀드는 문학과 과학이 전체적으로 서로 다르기만 한 것은 아니며, 둘 다 원만한 교육 속에 자리잡을 수 있다고 쉽게 중재적인 결론을 내린다. 그러나 아놀드는 이런 관용 가능성을 보여주는 밑바탕에서 사실은 헉슬리의 과학 교육의 진흥과 고전 교육의 축소 의도에 저항하고 있다. 무엇보다도 그는 자연과학의 훈련이 실질적으로 가치 있는 전문가를 배출할지는 몰라도 〈교양 있는〉 인간을 배출할 수는 없다고 주장한다. 이 때문에, 문학 특히 고대의 문학은 필수적인 것으로 남아야 한다.[6]

이런 공방은 후에 스노우와 리비스 사이의 분열을 미리 형상

---

6) Matthew Arnold, 'Literature and Science' (1882). R.H. Super ed., The Complete Prose Works of Matthew Arnold, vol. X(Ann Arbor, 1974), pp. 52-73에 재수록.

화했을 뿐 아니라, 사회적 제도적인 속물들이 이 논제를 중심으로 모여들게 되는 방향을 상징하고 있다. 두 사람은 서로 좋은 친구였지만, 그들은 각기 다른 세계를 대표했다. 헉슬리 자신의 사회적 혈통은 상대적으로 평범했으며, 대학이 아닌 직업학교에서 가르쳤다. 그는 상업을 가르치는 단과 대학의 개강 연설을 했고, 화려한 빅토리아 시대라는 무대에서 그가 쌓은 위대한 업적에도 불구하고 여전히 특권과 권력의 전통적인 중심과는 동떨어진 주변의 목소리를 대변했다. 이와는 대조적으로 럭비 가문(Rugby's)의 유명한 교장의 아들인 아놀드는, 쉽게 고전과 유럽 문학에 접근했으며, 귀족적인 문체로 글을 썼고, 시학 교수로 있는 동안 옥스퍼드의 매력이 널리 알려지도록 찬양하여 옥스퍼드의 화신으로 존경받게 되었다. 영국문화사에서 마지막은 아니지만, 국가 교육체계에서의 과학과 인문학의 적절한 위치에 대한 문제가 교육기관의 위상과 사회적 계층이라는 파악하기 어렵고 과부하된 문제와 이리저리 뒤엉켜 나타났던 것이다. 이런 사회적 태도가 지속되면서 영국에서는 스노우의 분석과 그에 대한 대응이라는 두 가지 입장이 형성되었다.[7)]

  헉슬리와 아놀드가 (현저히 우호적인) 논쟁의 공방을 가진 이래 교육 구조는 상당히 바뀌었지만, 학문적 전문화와 그 결과에 대한 문제는 계속해서 영국에서 특이하고 날카로운 모습을 지니고 있었다. 학교 교육의 마지막 단계와 대학교 학부 교육 모두는, 둘 다 다른 어떤 비교할 만한 나라에 비해서 더 전문화되었다. 스노우의 강연이 있을 즈음에는 이런 양상이 극단적인 형태를 띠

---

7) 힐러리 로즈(Hilary Rose)와 스티븐 로즈(Steven Rose)의 『과학과 사회』(런던, 1969)에 있는 역사적 개관을 보라.

고 있었다. 학문적 재능이 있는 어린이들이 14살 정도의 어린 나이에 과학 과목이나 인문학 과목에 전적으로 집중하기 시작했고, 16세에서 18세 사이에는 이런 과목들 중 세 과목만을 공부했으며, 그런 다음에 대학에서는 오직 한 과목에만 집중하는 것이 상식이었다. 최근 수십 년 동안 학교와 대학 모두에서 보다 넓고 보다 혼합된 과목의 선택을 허용하려는 시도들이 있어 왔다. 그러나 영국에서의 상황은, 미국의 양상은 물론이고, 다른 문화적 입장과 교육적 제도의 유산들이 〈두 문화〉 주제에 대한 다른 변형을 제공하고 있는 다른 유럽 국가들에 비해서도 충격적인 대비를 이룬다. 예를 들면, 프랑스에서는 몇몇 탁월한 과학적 〈그랑제 에꼴(grandes écoles)〉과 고위 국가기관이나 공직의 충원 사이에 친밀한 연계가 성숙되었다. 고위 공직자들은 물론이고 많은 재정가와 산업가들이 기술자격증을 가진 매우 유명한 종합기술대학(Ecole Polytechnique) 졸업생이다. 다른 차원에서, 독일에서 기술고등학교(Technische Hochschule)의 명성이 높다는 것은 직업 지향적 과학교육에 대해 영국에서는 누릴 수 없었던 보다 큰 사회적 지위를 부여하고 있으며, 산업과 상업에서 인상적인 기술자격증을 가진 관리자들의 주축을 형성하는 데 도움을 주고 있다. 이런 나라에서 〈두 문화〉 주제에 대한 반향은 이렇게 다른 문화적 전통에 의해 수정될 수밖에 없었다. 그러나 이 주제가 어떤 독자성을 획득했다고는 해도, 우리가 지금 마주하고 있는 모습은 아직도 스노우 자신의 관심과 그것이 즉시 끌려들게 된 논쟁의 특징을 유지하고 있다. 따라서 역사적 상황을 좀 더 상세하게 재고찰하는 것이 도움이 될 것이다.

스노우의 생애

찰스 퍼시 스노우(Charles Percy Snow)는 윌리엄 에드워드 스노우(William Edward Snow)와 아다 소피아 네 로빈슨(Ada Sophia née Robinson)의 네 아들 중 둘째로서, 1905년 10월 15일 영국 중부의 수도인 라이체스터에서 태어났다.[8] 부계인 스노우 집안의 가족사는 영국의 근대 산업발전의 주요 단계와 함께 했다. 증조부 존 스노우는 1801년 데본의 시골에서 태어나, 소문에 의하면 전혀 교육을 받지못했지만, 제1차 산업혁명의 와중에 버밍햄으로 이주하여 엔진 설비사가 되었다. 할아버지 윌리엄 헨리 스노우는 빅토리아 시대의 전형적인 인물로서, 독학으로 라이체스터 전차 회사의 감독기술자가 되어 마차가 전차로 대체되는 것을 감독했다. 그는 1916년까지 생존하여, 그의 큰 손자에게 영웅적 시대의 자립적이고 엄격한 덕을 찬양해 주었다(찰스는 그의 저술과 강연에서 여러 차례 경의심을 가지고 그를 언급하고 있다). 아버지 윌리엄 에드워드 스노우는 음악적 성향이 강한 사람이었다. 그는 그의 교구 교회에서 오르간을 연주했고, 오르간 연주자 왕립대학의 준회원을 거쳐 후에 정회원(Fellow)이 되었으며, 이 사실을 대단히 자랑스럽게 여겼다. 그러나 음악이 그의 생활을 보장해주지는 못했으므로, 라이체스터의 구두 공장에서 사무원으로 일했다. 영국의 사회계층을 세분한다면, 스노우 가문은 자칭 상류사회인 하급의 중산층과 조금 존경을 받는 상류 노동계층 사이의 모호한 구분에서 좀 좋은 쪽에 걸칠 수 있을

---

8) 서지학적 자료의 완전한 출처는 필립 스노우(Philip Snow)의 『이방인과 동포: C.P. 스노우의 초상』(런던, 1982).

것이다. 그들의 경제적 상황은, 조금 조악한 테라스의 집을 가진 벽돌공, 도매상, 화부감독들과는 약간 다르게, 경직되고 불안했다. 그러나 스노우 가문의 집은 한쪽 벽이 이웃에 붙어 있었으며, 아버지는 뒷방에서 피아노 레슨을 했고, 아들은 지방의 기숙사제 학교가 아닌 작은 사립학교에 보내졌다. 스노우는 그의 일생을 통해서 사회계층에 대해 강하게 의식하게 되었으며, 선입견과 일련의 반발이 그의 저술에 흔적을 남기게 되었다.

찰스 스노우(1950년에 소설가 파멜라 한스포드 존슨(Pamela Hansford Johnson)과 결혼하기 전까지는 가족들에게 퍼시(Percy)로 통했다)는 사회적 기득권이 없는 현명한 책벌레 소년의 모범적인 경로를 따랐다. 지방의 공립도서관은 보다 넓은 상상의 세계로의 구명선이었으며, 열한 살 때부터 그의 지적, 문화적, 모험적 야심은 18세기에 세워진 수수한 지방의 고전문법학교(또는 공립중학교)인 라이체스터에 있는 알더만 뉴턴 학교에서 자라났다. 알더만 뉴턴 학교는 학문적으로 뛰어난 곳은 아니었고, 스노우가 학교를 다닐 때는 아무도 대학에 진학하지 못했다. 강점은 고전이나 인문학보다는 과학에 있었으며, 이것이 스노우가 전력을 기울인 분야였다. 그는 스스로 뛰어난 능력을 보였지만, 그가 밟아 온 교육과정에는 여전히 결함이 있었다. 1923년에 성공적으로 과학 중간 시험을 완수했음에도 불구하고, 학위를 위한 연구를 시작하기 위해서는 2년을 더 기다려야 했으며, 그 기간 동안 그는 학교의 조수가 되어 약간의 돈을 벌면서 광범위한 독서, 특히 19세기 유럽 소설로 마음의 양식을 키웠다. 1925년에는 라이체스터 대학에 새로 설립된 화학물리학과의 학생이 되었고, 그곳은 당시 런던 대학의 외부 학위만을 수여할 수 있도록 허가된 고등교육의 작은 중심지였다. 스노우는 1927년에 화학에서 가장 우수한 성적으로 학부를 마친 뒤, 1928년에는 이학 석사를 획득했다. 그는 노력하는 야심적인 젊은이였으며, 마지막 학기에는 너무 열심히 공부한 나머지 건강을 해칠 지경에 이르렀다. 그러나 그는 넓은 세계로의 결정적인 발걸음을 내딛는 데 필요한 성공을 획득했고, 1928년 10월에는 박사과정 학생으로 케임브리지의 크라이스츠 칼리지의 장학금을 얻었다.

스노우는, 그 당시 세계적으로 유명한 러더퍼드 경이 이끄는 캐번디시 연구소에서 적외선 분광학 분야의 연구를 시작했다. 그의 연구는 성공했고, 그래서 1930년에는 25세의 나이로 크라이스츠 칼리지의 특별연구원(fellow)에 선출되어 1945년까지 이를 유지했다. 처음의 그에게는 연구 과학자로서의 성공이 예정된 것처럼 보였던 것이다. 그러나 1932년에 인생의 방향이 바뀌는 좌절을 경험해야만 했다. 그와 그의 한 동료는 비타민 A를 인공적으로 생산하는 방법을 발견했다고 믿었다. 그 발견은 이론적, 실용적으로 중요한 것이었으며, 그래서 《네이처(Nature)》지에 발표한 뒤에는 영국학술원 원장이 이 발견의 중요성을 신문에 확인해 줄 정도였다. 그러나 슬프게도, 그들의 계산은 잘못되었고, 그들의 〈발견〉은 상당히 공개적인 가운데 공식적으로 취소되지 않으면 안 되었다. 그리고 그의 형제가 후에 언급했듯이, 〈널리 알려진 뒤의 상처는 찰스를 과학적 연구로부터 되돌릴 수 없게 결별시켰다〉.[9] 스노우가 훈련받은 과학자라는 것은 그가 후에 〈두 문화〉문제를 다루는 데 있어 결정적이었다. 그러나

---

9) 스노우, 『이방인과 동포』, 35쪽.

이 과학 문화의 옹호자에게 심기가 불편해진 과학자들이 지적하게 되었듯이, 그의 신임장은 뭔가 불확실했다. 리드 강연을 할 때는, 그가 처음 과학적 연구에 참여한 지 20여 년이 지난 상태여서 그의 과학자로서의 경력은 기껏해야 누더기에 불과했던 것이다.

두 가지 결과가 스노우가 스스로 다른 경력으로 나아가는 데 도움을 주었다. 1932년에 그는 탐정소설 『항해 중의 죽음(Death Under Sail)』을 출간했으며, 2년 뒤에는 젊은 과학자에 관한 소설인 『연구(The Search)』를 발표했다. 초기의 이런 역작들은 호의적인 서평을 받았으며, 그가 자신을 순수 문학작가로 생각하도록 북돋웠다. 1935년 초에 그는 연작 소설의 구상에 착수하였는데 그것이 1940년에서 1970년 사이에 출판된 연작 『이방인과 동포(Strangers and Brothers)』 11권이다. 스노우 후기의 명성과 공적 지위가 여러 언어로 번역된 이 소설들의 성공에 의존하고 있다는 것은 의심할 여지가 없다. 그러나 그의 경력에 있어 보다 직접적인 숙명적 방향 전환은 제2차 세계대전의 발발이었다. 스노우는 곧바로 전쟁을 지원하기 위한 물리학자들의 징집과 배치를 책임질 문관으로 징집되었다. 이것이 그의 행정 능력에 기회를 제공했으며, 중요한 인물들과 접촉하는 것을 가능하게 했고, 권력의 행사를 안에서 관찰하고 싶은 그의 갈망을 만족시켰다. 1945년, 그는 케임브리지로 돌아오지 않기로 결정했으며, 대신에 소설을 계속 저술할 수 있는 두 개의 시간제 직위를 맡게 되었다. 그는 주로 과학적 설비를 다루는 국장이 되었으며, 개인 기업에서 광범위한 자문역을 맡았다가 마침내는 영국전기회사의 중역이 되었다. 소설이 성공을 거두면서 그는 결과적으로 이들 직위를 포기할 수 있게 되었으며, 그것은 그가 1959년에 직무에서 오는 긴장으로부터 해방되었음을 뜻했고, 그가 자신의 세번째 경력인 사회적 인물, 논쟁적 연사, 그리고 학자의 역할을 시작하도록 허락했다. 리드 강연은 이런 새로운 역할에서 그의 발표 중 그 첫번째 것이었으며 또 가장 오래도록 명성을 떨치게 한 것이기도 하였다.

1960년대에는 스노우의 명성이 절정에 달했다. 그의 소설과 희곡들에 대한 연구서들이 줄지어 나왔고, 10년 동안 20개의 명예학위를 받았으며, 무엇보다도 그의 위대한 명성의 원천인 〈두 문화〉 사상은 부차적인 비평과 논쟁 생산에 대한 기초가 되었다.(그가 받은 거의 모든 명예학위가 외국 대학에서 주어졌고 그의 견해가 다른 나라들에서, 그렇지 않았다면 영국에서의 열광적인 환영회에서는 만연했을지도 모를 회의적 냉소와 경멸이 없이 받아들여졌다는 것은 주목할 만하다.) 1964년, 노동당의 선거 승리에 뒤이어, 그는 새로 설치된 공업기술부의 차관이 되어달라는 해롤드 윌슨의 제안을 받아들였으며, 상원의원으로서 기술에 대한 정부의 대변인이 되었다. 그는 1966년 4월에 내각에서 물러났으나, 그 뒤로도 소설과 산문을 포함하는 문학 활동을 꾸준히 계속하였으며, 강연자로서, 자문위원으로서, 그리고 대중적인 현명한 인사로서 세계를 여행했고, 평화와 빈곤 그리고 개발의 문제들을 제시했다. 그는 1980년 7월 1일에 작고했다.

〈두 문화〉 사상의 전개

지금은 〈두 문화와 과학혁명〉을 둘러싼 논쟁에 있어 표면적인 전제들 중 많은 것이 특히 1950년대 후반과 1960년대 초반에 속하는 것으로 보인다. 그러나 사실 논쟁의 시작과 강연의 색조는 스노우의 경력에 있어 훨씬 초기로까지 소급될 수 있고, 그것은 1930년대에 형성되고 확고해진 스노우의 지적 발전의 면모를 반영한다. 스노우 자신은 항상 양 대전 사이의 시기를, 특히 1930년대의 케임브리지를 창조적 과학 연구의 황금시기로 회고했다. 그리고 그는 그 몇 년 동안에 특히 강력했던 과학의 어떤 문화적 개념을, 특히 〈진보적〉 과학자들인 버날(J.D. Bernal)과 블래키트(P.M.S. Blackett)와 같은 과학의 혁신적 대변자들 가운데서 섭취했다. 그는, 전통적인 엘리트들이 잘못 관리함으로써 야기된 경제 불황과 두번의 무서운 전쟁을 야기했던 세계에서, 과학을 하나의 위대한 희망으로 보았다. 그는 또한 그것을 능력 있는 사람이 사회적 불이익을 극복하고 능력에 대한 진정한 보상을 받을 수 있는 실력 사회로 보았다. 보다 편협한 용어로는, 청년 스노우는, 그가 특히 속물적이고 향수적인 사회적 태도라고 밝힌 〈문학적 지성〉에 대한 반감을 키웠으며, 그것은 그를 결코 떠나지 않았다.

과학 엘리트 사이의 규범에 대한 그의 분명한 동경은, 전세대에 있어 과학을 앞장서서 옹호했던 웰즈(H.G. Wells)에 비교되는 몇 가지 배경 중의 하나이다. 사실 웰즈에 대한 스노우의 찬탄은 〈두 문화〉 논쟁의 역학을 이해하는 데에 하나의 열쇠를 제공한다. 특히 좋은 증거로서 스노우가 1934년에 《케임브리지 평론(The Cambridge Review)》에 발표한 웰즈의 「자서전 실험(Experiment in Autobiography)」에 대한 평론이 있다. 여기서 스노우는 웰즈의 〈계획된 세계를 위한 충동〉에 공감하면서 그를 〈위대한 작가〉 그리고 〈주목할 만한 인물〉로 존경한다는 것을 분명히 밝혔으며, 또한 케임브리지에 만연되고 있던, 특히 문학 비평 속의 웰즈에 대한 망각적 태도에 분노한다고 지적했다. 그는 이런 태도의 일부를 웰즈가 〈위대한 작가들에 대한 향수가 가장 적다〉는 사실 때문으로 돌렸으며(〈그는 그의 지성의 많은 부분을〉 미래를 위한 〈계획을 세우는 데 신중하게 소비했다〉), 이런 초기 평론은 이미 그가 후에 〈문학적 지성〉을 〈자연적 러다이트(Luddite)〉로 공격하게 되는 씨앗을 품고 있는 것이다. 스노우는 이런 태도에 대하여 그가 경멸한다는 것을 강조했다. 〈만약 예술이 모든 하찮은 일, 절망, 그리고 향수병 탈출의 몸짓이라면, 웰즈는 글을 쓴 그 누구보다도 예술가가 아니다.〉[10]

사실 웰즈에 대한 이러한 반응은, 케임브리지 문학 동아리에서의 냉소적 자세에 대한 스노우의 일반화된 분노라기보다는, 30년 뒤에 분출된 논쟁에 대한 직접적인 연습이라고 보아야 한다. 왜냐하면, 1932년의 《스크루티니(Scrutiny)》 첫 호에서, 웰즈의 최신작 「노동, 풍요, 그리고 인류의 행복(The Work, Wealth, and Happiness of Mankind)」을 평론한 것은 바로 리비스(F.R. Leavis)였기 때문이다. 리비스는 적의를 가진 것 이상이었고 경멸적이었다. 진실로 그는 웰즈가 평론의 가치가 있는가를 의심했지만, 신기할 정도로 후에 스노우에 대한 그의 공격을 예견하는 문구에서 그는 웰즈가 〈그가 다루는 것들처럼, 하나의 경우, 하나의 형식, 하나의 사건〉으로 논의되어야 할 것이라고 논박했

---

10) C.P. Snow, 'H.G. Wells and Ourselves,' *The Cambridge Review*, 56 (1934. 10. 19, 11. 30), 27-8, 148. 스노우는 훨씬 뒤에 웰즈를 인정하는 『인간의 다양성(*Variety of Men*)』(런던, 1967)을 출판하게 된다.

다. 리비스는 또한 인류의 복지에 대한 기술주의자들이 가지는 비전의 한계에 대해 같은 상투어를 반복했다. 〈기계의 효율이 궁극적 가치가 되었으며, 이것은 우리에게 보다 확장되고 풍요한 인간의 삶과는 아주 다른 무엇인가를 의미하는 것으로 보인다.〉[11] 또한 같은 논제의 〈문학적 정신〉이라는 그의 수필에서, 리비스는 미국의 문화 주석가 막스 이스트만(Max Eastman)을 해체시켰는데, 그의 가장 중심적인 비난은 이랬다. 〈그는 '과학이' 우리를 위해 모든 난제들을 해결해줄 것이라는 암시적인 신념을 가지고 있다. 간단히 말해서, 그는 아직도 웰즈의 시대에 살고 있다.〉[12]

스노우의 웰즈에 대한 평론에는 자신이 마음에 품고 있는 케임브리지 비평가의 하나가 리비스라는 명백한 증거가 포함되어 있다. 웰즈보다 T.S. 엘리엇(아직도 논쟁의 여지가 있고 오늘날에도 〈찬양되는 것〉과는 거리가 먼)을 높이 평가하는 〈반대자〉에 대한 언급뿐만 아니라, 〈대학생들이 제러드 맨리 홉킨스(Gerard Manley Hopkins)가 19세기의 유일한 정당성이라고 말하도록 인도될 수 있다〉는 방식에 대한 신랄한 그의 비웃음이 그 증거이다. 리비스는 엘리엇에 대한 초기 옹호자 중의 한 명임은 물론, 지속적으로 그의 학생들에게 〈정확한〉 문학적 판단을 주입하는 것으로 비난받았고, 그리고 홉킨스는 우호적 대우를 받은 단 한 명의 19세기 작가였으며, 마침내는 1932년에 세상에 나온 리비스의 『영국 시의 새로운 취향(New bearings in English Poetry)』에 실렸다. 종종 사회적 인물들이 어제의 태도를 가지고 내일의 문

---

11) F. R. Leavis, 'Babbitt Buys the World,' *Scrutiny*, I (1932), 80, 82.
12) F. R. Leavis, 'The Literay Mind,' *Scrutiny*, I(1932), 30.

제를 말하는 것은 이해할 만한 일이다. 그러나 자기 스스로는 항상 미래지향적이라 믿었고 〈그들의 골수 속에 미래를 가지고 있는〉 사람들을 위한 대변인이 된 것에 긍지를 가지고 있던 스노우의 후기 사상이 얼마나 많이 1930년대 케임브리지의 반대론에 의해 형성되었는가를 안다는 것은 특히 충격적이다.

과학의 문화적 역할과 정치적 충격에 대한 스노우의 관심은 1940년대와 1950년대를 통해서 그의 소설과 직무상의 여러 저작들에 지속적으로 드러나고 있다. 그러나 〈두 문화〉에 관한 생각이 처음으로 공표된 것은 1956년 10월 호 《뉴 스테이츠맨》지에 실린 같은 제목의 짧은 논설이었다. (이 논설의 여러 좋은 문장들이 근본적으로 바뀌지 않은 채 리드 강연에 다시 등장하게 된다.) 전체적인 개념이 〈문학적 지성〉이라는 특수한 개념에 대한 반발심에서 형성되었다는 점이 이 초기의 논설에 더욱 분명하다.[13] 〈물론 전통적인 문화는, 주로 문학적이지만, 마치 힘이 다해가고 있는 나라처럼, 즉 불안한 권위에 올라 서서, 알렉산드리아 학파와 같은 복잡성에 너무 많은 에너지를 허비하며, 가끔씩 중용을 벗어난 공격적인 폭언을 하기도 하면서, 필연적으로 그것을 새 형태로 만들게 될 영향력에 대해서는 관대한 상상력을 보여줄 정도로 지나치게 방어적으로 행동한다.〉 스노우의 적개심의 다른 특징들은 오직 풍자를 통해서만 드러난다. 그의 관찰에 의하면 과학적 문화의 색조는, 〈견실하게 이성을 사랑하며〉, 문학적 문

---

13) 스노우는 분명히 지성인들에 대해서 보다 일반적인 적개심을 키웠다. 〈그는 공식적으로 그가 무관심한 지성인보다 적당히 예의있는 군인을 더 좋아한다고 말한다. 그는 모든 시간에 지성적이기보다는 이성적인 사람이다.〉 스노우, 『이방인과 동포』, 143쪽.

명에서와는 달리 〈교활함과 부정이 없다〉.[14]

또한 〈두 문화〉 논제에 대한 이 초기 의견은 두 가지 방식에서 더욱 두드러진다. 첫째, 나중에 가장 많이 논의된 논쟁의 문맥과 날카롭게 대비되어, 이 논설에서는 스노우가 교육 개혁의 구조와 내용을 언급하고 있지 않음은 주목할 만하다. 그는 집단으로서의 연구 과학자들과 저술가들의 특성에 대해 이야기하고 있으며, 그들 사이의 간격을 좁힐 실제적 대안을 제시하지는 않는다. 둘째, 리드 강연과는 달리 또 이 유명한 강연에서 그가 〈우선적으로〉 얻으려고 했던 것에 대한 스노우 후기의 회상에서는 더욱 심했던 것과는 달리, 1956년의 그의 논설은 부자 나라와 가난한 나라 사이의 관계 문제와 과학적으로 무지한 정치가와 행정가들에 의한 기술의 응용에 있어서의 정책 결정에 포함된 문제들은 제기하지 않는다. 이 논설에서 그의 주된 주제는, 〈문학적 지성〉보다 더 우월한 과학자 집단의 〈도덕적 건강〉에 대한 그의 확신이다. 그가 확신하는 바, 과학자들은 본래 집단적 복지와 인간성의 미래와 관련되어 있다. 〈전통적 문화〉와의 대비는 특히 편향적인 사례 선택에 의해 이루어진다. 〈노예 제도의 유일한 결점은 제도 자체가 충분하지 못한 것이라고 생각했던 포베도노스체프 대법관에게 도스토에프스키는 알랑거렸고, 1914년 아방 가르드의 정치적 타락은 에즈라 파운드가 파시스트를 위한 지지 방송을 그만둔 것과 함께였으며, 끌로델은 다른 사람들의 고통 속에 있는 미덕에 대해 마샬과 위선적 믿음으로 동의했고, 포크너는 흑인을 인종적으로 차별하는 데에 대한

---

14) C.P. Snow, 'The Two Cultures,' *New Statesman* (1956. 10. 6), 413.

감상적인 이유를 제공했다.〉이와 같은 배반은 개인적 삶의 비극적 본성에 대한 자신들의 지각 때문에 자신들의 동료인 인류의 빈곤을 알 수 없었던 저술가들의 경향으로부터 생겨났다. 〈패배감과 방종 그리고 도덕적 공허에서 생긴〉 이런 태도로부터 〈과학적 문화는 거의 완전히 자유롭다〉. 〈두 문화〉에 대한 이 첫번째 소묘의 중심적인 전달 내용은 〈과학적 문화가 우리에게 줄 수 있는 가장 큰 풍요는 …… 도덕적인 것〉[15]이라는 것이다.

2년 뒤, 외견상 〈러더퍼드의 시대〉를 논의하는 한 논설에서, 스노우는 이 논제를 다시 말했다(그리고 다시 그의 사고의 기초적 범주들이 얼마나 세계대전 시기에 뿌리내리고 있었는지를 드러냈다). 똑같은 대비가 발생하는 바, 〈한쪽의 러더퍼드와 블래키트, 그리고 가령 다른 한쪽에 윈드햄 루이스와 에즈라 파운드 가운데, 자신들의 동료인 인류의 편에 누가 더 가까이 서 있는가?〉 문인들은 회고적이며, 〈파시즘과 모호한 관계를〉 가졌고, 반유대주의에 물든 반면에, 〈보수적이든 혁신적이든 모든 과학자들과 마찬가지로, '러더퍼드는' 그것이 무엇을 뜻하는지 거의 생각하지 않고도 그의 골수 속에 미래를 가졌다.〉[16] 리드 강연 중에서 가장 혼란스럽거나 도발적인 몇 가지의 기원은(몇 개의 중요 문구도 마찬가지이지만) 이런 초기의 소묘에서도 명백하며, 그리고 무엇보다도 그것들은 우리가 그 강의에서 제공된 당시에는 소설가

---

15) 같은 책, 414. 스노우는 1960년에 과학발전을 위한 미국협회에서 행한 연설, 즉 1961년에 《사이언스(*Science*)》에 게재되었고 『시사평론(*Public Affair*)』(런던, 1971)에 재수록된 「과학의 도덕적 비중립성」에서 과학 연구의 본래적인 도덕화 성격에 대한 그의 개념을 더욱 발전시켰다.

16) C.P. Snow, 'The Age of Rutherford,' *Atlantic Monthly*, 102(1958), 79, 80.

로서 가장 많이 알려진 사람에 의해 제공되었다는 것을 기억해야 한다. 그리고 이것은 〈문학적 지성〉을 매도하는 묘사를 더 잘 이해하는 데에 도움을 준다. 왜냐하면 한 동조하는 논평자가 후기의 강연을 조롱하듯 비평했기 때문이다. 〈그의 강연에 대해서는 그것이 문학을 향해 극단적인 적대감을 가지고 있다는 것 이상의 해석이 있을 수 없다.〉[17]

「두 문화와 과학혁명」을 읽을 때 마음속에 생기는 최종적인 소견은 이 글이 속한 장르와 관계 있다. 강연은 단어의 양면적인 의미, 그것은 사회적 사건이며 하나의 기회이다. 그리고 무엇보다도 하나의 계기(occasion)였다. 강연자는 초청되었으며, 그 또는 그녀는 자신의 의견을 발표하도록 허가받았다. (현대 문화에서 얼마나 많은 중요한 논쟁들이 대중적인 강연의 형식을 빌어 시작되었는지를 분석하는 것은 흥미로울 것이다.) 비록 장문의 수필이라 해도, 강연과 원래 수필로 씌어진 것 사이에는 색조와 의도에서 중요한 차이가 있다. 강연은 고전적 수필의 징표인 세밀하고 사색적인, 때로는 변덕스러운 색조를 절대로 드러내지 않는다. 강연은 좀더 선언적이거나 논쟁적인 자세를 취하며, 비록 최고의 강연은 청중들과 일체된 분위기를 이끌어낸다 해도, 형식은 본래 훈육적이다(교수라는 직위로부터, 아무것도 권위적이지 않다는 것(ex cathedra)이 〈권위로 말하는 것〉과 동의어가 된다는 의미는 아

---

17) Lionel Trilling, 'The Leavis-Snow Controversy,' *Beyond Culture: Essays on Literature and Learning*(New York, 1965), P.152에 재수록. 이 수필은 먼저 《코멘터리》(1962)에 〈A Comment on the Leavis-Snow Controversy〉라는 제목으로 실렸으며, *University Quarterly*, 17(1962)에도 실렸다. 스노우는 이 수필을 112쪽 주 28에 인용했으나 1959년으로 표시하고 있다.

니다). 이런 색조는 스노우에게서도 쉽게 찾을 수 있다. 그의 저술은 권위적인 단언을 감추기 위해서 정중한 수사를 계속해서 사용한다. 이런 태도는, 언급되지 않은 증거에 무게를 주고, 그것이 잘못되었을 때의 심상치 않은 결과를 알고 있으며, 그러나 다른 누구보다도 그것이 잘되게 할 수 있는 좋은 위치에 있는 사람이 취하는 것이다.

그러므로 스노우의 책을 읽는 동안에 우리는 그 기원을 기억할 필요가 있으며, 그가 체계적인 사색가나, 어떤 면에서는 특별히 정확한 저술가가 아니라는 점을 인정할 필요가 있다. 그에게 바람직한 기반은 위대한 착상(Big Idea)이라는 점이다. 그는 그것을 붙잡아, 무언가 인습에 얽매이지 않고 방향을 전환시키며, 광범위하게 다양한 영역으로부터 가져온 약간의 사실과 우화들로 예증하고, 그것을 쉽게 읽을 수 있고 힘 있는 산문으로 반복해준다. 그가 유명해질수록, 착상은 자꾸 커졌고, 사실은 더 적어졌으며, 산문은 더욱 힘이 생겼다.[18] 무엇보다도 그는 그가 말해야 할 것에 대해 주의를 끌려 했다. 이런 점에서 판단하면, 그의 리드 강연이 성공적이었음은 논쟁의 여지가 없다.

반응과 논쟁

스노우가 처음으로 그 모습을 드러낸 이래 〈두 문화〉의 개념에 대한 여러 형식의 거의 연속적인 논평이 있었지만, 자연히

---

18) 이것은 1968년에 배포된 『시사평론(*Public Affair*)』에 수집된 'The State of Siege' 같은 후기의 단편들에서 가장 분명하다.

초기의 반응이 가장 강렬하고 노골적이었다. 특히 널리 알려진 일화 하나가, 1962년에 있었던 스노우와 그의 강연에 대한 리비스의 지독한 공격을 둘러싼 흥분이다. 여기에는 인간의 복지를 어떻게 생각해야 하는가에 대한 본질적으로 반대되는 두 개념의 충돌이 포함되며, 부분적으로는 그것이 그런 강렬한 감정(그리고 강렬한 용어)의 대중적인 발현을 유발시켰기 때문에, 그후로 그것은 스노우가 밝히려 했던 두 문화 구분의 상징으로 간주되게 되었다.

리드 강연의 본문은 1959년에 《인카운터》지 6월호와 7월호에 두 차례에 걸쳐 소개되었으며, 8월호에는 즉각적인 반응에 대한 작은 좌담회가 게재되었다.[19] 이 반응은 압도적으로 우호적이었으며, 스노우는 문화 사이의 구분에 있어 〈번뜩이는〉 윤곽을 제시한 것으로 칭찬받았다.[20] (역사학자 플럼은, 조심스런 자세로, 스노우가 주목을 집중시킨 긴장 상태를, 1910년대에서 1950년대를 좌우한 주로 중상층인 문학적 지배층을 위협하는 새로운 대체 계층으로서

---

19) C.P. Snow, 'The Two Cultures and the Scientific Revolution,' *Encounter*, 12(1959. 6) 17-24, 13 (1959. 7) 22-7. 「〈두 문화〉: 스노우의 견해에 대한 논의(The "Two Culture": a Discussion of C.P. Snow's View)」 (13, 1959. 8, 67-73)에는 월터 알렌(Walter Allen), 베르나크 로벨(Bernark Lovell), 플럼(J.H. Plumb), 데이비드 리스만(David Riesman), 버트란드 러셀(Bertrand Russel), 존 코크로프트(John Cockcroft), 그리고 마이클 에어톤(Michael Ayrton)이 참여했다.

20) 87세의 버트란드 러셀이 보낸 간단한 편지는 문화 사이의 구분이 아주 최근이라고 주장한다. 그는 이 주장을 〈동력 직조기를 발명한 카트라이트는 나의 할아버지의 가정교사였으며 로마 시인 호레이스의 시 해석을 가르쳤다〉고 말함으로써 이 주장을 지지하려 했다. 비록 〈내가 확인할 수 있는 한 그의 동력 직조기 발견이 나의 할아버지에게는 알려지지 않았다〉(71)고 부가함으로써 예의 힘을 조금 약화시키기는 했지만 말이다.

의 과학자들의 등장으로 인한, 광범위한 사회 발전의 한 부분으로 보려 했다.) 더구나, 반응을 보인 사람들의 대부분이, 암시적이든 명시적이든, 과학의 입지를 상승시키고, 과학자에 대한 비과학적 교양의 증가보다는 오히려 비과학자에 대한 과학적 교양의 증가가 절박한 문제라고 믿었다는 점은 분명하다. 강연록이 출판되자 국제적으로 논평이 쏟아져 나왔는데, 대부분은 스노우가 점증하고 있는 절박한 현대 문제를 진단했다고 칭찬하는 것들이었다.

그러므로 첫번째의 반응을 반성하면서 스노우는 만족할 만한 충분한 이유가 있다고 느꼈다.[21] 〈'두 문화'의 개념이 수용됨으로써, 그들 사이에 간극이 존재한다는 것도 수용되었다.〉 정말로, 스노우는 이제 이 상황을 더 밀어붙이고 싶었다. 〈두 문화의 구분은 발전된 산업 사회에 본질적이다.〉 그러나 다시, 비록 부차적인 가벼운 수정을 가하기는 했지만, 그는 그의 중심적인 관심인 20세기의 주요 저술가들이 〈산업과학혁명〉에 대해 무분별하고 궁극적으로 이기적인 적대감을 부추겨 왔다는 쪽으로 방향을 돌렸다(그는 그가 18세기 말의 산업혁명을, 과학을 생산에 적용하는 확장 과정에서의 첫번째 단계로 보고 있다는 점을 명백히 했다). 드러내놓고, 그는 〈답변〉(그런 것에 대해서는 효과적이었으므로)의 대부분을 그의 낙관적인 기술주의에 대한 문학적이고 문화적인 비판(나이 먹은 투표 검사인 반톡 같은)[22]에 반대하는 이 점을 재진술하는 데 썼던 것이다. 이후 스노우의 논제가 끌었던

---

21) C.P. Snow, 'The "Two Cultures" Controversy: Afterthoughts,' *Encounter*, 14(1960. 2), 64-8.
22) G.H. Bantock, 'A Scream of Horror,' *The Listener*(1959. 9. 17), 427-8.

관심이 사그러들기 시작했지만, 이것은 본격적인 논쟁의 회오리가 불기 이전의 일시적인 고요함이었음이 드러났다.

리비스는 1962년 여름에 케임브리지 대학 영어강사 자리에서 은퇴하는 것으로 되어 있었다. 30년 이상 동안 영어권에서 가장 출중하고, 논쟁적이며, 영향력 있는 문학비평가 중의 한 사람이었지만, 그는 오랫동안 마땅한 인정을 받지 못했다고 안달나 있었다(예를 들면, 그의 대학은 은퇴를 겨우 3년 남기고 그를 진급시켰다). 자주 광포성에 의해 가려지곤 했던 강렬함으로 그의 비판이 시도한 것은, 〈위대한〉 문학이(그는 다른 종류에 대해서는 별 관심이 없었다) 모든 의미에서 가장 생동감 있는 인간적 반응의 유일하고도 살아 있는 보고라는 주장에 대한 옹호였다. 이 비교할 수 없는 상상력에 의한 작품들에서 생성된 복합적이며 심도 있게 감지된 경험 속에서, 그는 현대 대중사회의 지배적인 힘이 진행시킨 값싸고 타락한 경험에 대한 해독제를, 이제는 유일하게 가능한 해독제를 보았다. 그러므로 리비스에게 영문학의 비평과 교육은 경외롭고 거의 성스러운 소명을 의미했다. 사소하거나 이기적인 것 또는 그저 유행하는 것은 무엇이든 견딜 수 없었으며(청교도적인 성실성과 늙도록 자신을 알아주지 않는 것에 대한 격렬한 조급성이 결합되어 타협과 공존을 배격하고 있었다), 그가 점점 더 격분하고 괴로워하게 되면서 그의 혹독한 경멸로부터 안전한 사람과 책은 자꾸만 줄어들었다. 바로 이 사람이 케임브리지에 있는 그 자신의 칼리지인 다우닝의 학생들이 1962년에 리치몬드 강연을 하도록 초청한 사람이었다. 리비스는 그때까지 스노우의 〈두 문화〉 논제에 대해 공개적인 의견 표명을 하지 않고 있었다. 그는 그제야 그것을 하게 되었으며, 그 결과 전체적인 일화가 아직도 종종 〈스노우-리비스 논쟁〉[23]으로 불리게 된다.

돌이켜보건대, 리비스가 가장 깊은 반감을 느끼고 있는 것들만을 골라 그와 똑같은 사람을 만들라고 한다면, 스노우를 만드는 것 이상을 할 수 없을 것 같다. 스노우의 소설에 대한 리비스의 견해에 대해서는 의문이 있을 수 없다. 피상적이고 기계적이며 또는 단지 유행일 뿐이라고 여기는 저술에 대한 리비스의 경멸은 끝이 없다. 스노우의 소설이 1940년대 후기와 1950년대에 런던 문단에서 크게 이름을 떨쳤다는 것은, 리비스의 눈에는 그들 저속성의 더할 수 없는 증거였다. 그리고 그 세계, 즉 세련된 칵테일 파티, 《선데이 신문》의 평론, 《뉴스테이츠맨(New Statesman)》이나 BBC 제3방송에 제공된 최신의 〈견해〉 등, 〈문학적 런던〉의 세계는, 스노우가 쉽게 움직여 명성을 만들어낼 수 있는 세계였다. 그러나 스노우는 기술 관료이기도 해서, 리비스가 인간의 경험을 양화할 수 있고 측정할 수 있으며 조작할 수 있는 〈기술적 공리주의적〉 환원으로 간주한다는 것에 대한 대변인이었다. 더구나 스노우는 20세기 영국 문화의 가장 예민한 부분, 즉 산업혁명이 인간에 미치는 결과를 평가하는 큰 실수를 했다.

리비스의 경멸은 총체적이다. 그는 스노우가 가정하고 있는 논증되지 않은 권위와 두드러지는 자기만족의 색조에 주의를 끌어들이는 것으로부터 시작한다. 그 색조란 오직 천재만이 이것을 정당화시킬 수 있는 반면에 어느 천재도 그것을 채택하리라

---

23) 코르넬리우스(David K. Cornelius)와 빈센트(Edwin St Vincent)가 편집한 『갈등의 문화: 스노우-리비스 논쟁에 대한 관점』(시카고, 1964)에 수집된 자료를 보라.

고 생각할 수는 없는 것이라고 말할 수 있는 것이다. 천재와는 거리가 먼 스노우는 〈지적으로 가장 평범하며〉, 그의 강의는 〈지적 탁월성의 완전한 결핍과 문체의 당혹스러운 저속성을 나타내고〉, 〈스노우가 뻔한 잔재주를 피우는 데 필요함직한 어떤 난해성을 가지고 있다는 것은 지적으로 무가치하다〉는 것 등등이다. 리비스가 스노우를 〈두 문화〉의 신뢰할 수 있는 권위자처럼 여겨지게 만든 것이 부분적으로는 과학자이면서 성공한 소설가였다는 이중성이라고 인식한 것은 옳았다. 이런 가정된 권위를 떨어뜨리기 위해서 리비스는 스노우의 소설이 문학적 척도로 어디에 서 있는가를 불쾌할 정도로 분명히 해야 한다고 여겼고, 그리고 여기서 그의 공격은 대부분의 관찰자들이 정당성을 인정할 수 없을 만큼 개인을 향한 것으로(지성이나 이성이 아니라 감정이나 이해에 따라 편견으로 호소하는 것으로) 보인다. 〈스노우는 물론 하나의, 아니 나는 그렇게 말할 수 없다. 그는 아니다. 스노우는 스스로를 소설가라고 생각하지만〉, 그러나 〈소설가로서의 그는 존재하지 않는다. 그는 존재하기 시작하지도 못했다. 그가 소설이 무엇인지 안다고 말할 수 없다. 그의 소설들의 모든 쪽들에 허구가 명백하며〉, 더구나 천편일률적이다. 두 개의 문단에서 리비스는 그가(그 혼자만은 아니라고 말해야 한다) 스노우 소설의 약점으로 본 것(개성이 없고, 말도 안되는 대화, 계속해서 보여주기보다는 설명하려 하고, 상상력의 영역이 제한되어 있다는 점 등)에 대해 처참한 그림을 제공한다. 그는 또(그리고 정당성이 아주 없는 것은 아니다) 스노우가 세계를 묘사할 때 자기가 학문적 삶을 가장 잘 아는 것으로 상상하고 있으며, 그는 그것을 주된 지적 활동과 그것을 지탱해주는 목적을 없애는 방식으로 표현하고 있다고 부가한다. 또한 리비스는 스노우에게 과학의 권위자라는 이익을 인정하려고 하지 않는다. 리드 강연은, 그는 무자비하게 고집하는데, 과학적 훈련 또는 정신의 습관에 대한 현실적인 증거가 포함되어 있지 않으며, 엄격함 대신에 〈학식의 전시〉만이 있다.[24]

리비스는 스노우의 명성을, 현대 사회가 삶에 의미를 제공할 수 있는 가치의 적절한 묘사와 같은 체계화의 능력을 얼마나 많이 상실하고 있는가에 대한 하나의 징후, 하나의 〈전조〉로 취급했다. 〈번영〉과 〈생활 수준의 상승〉이라는 말이 이들 공허를 메우게 되었으며, 그리고 스노우는 소비 사회의 예언자였다. 리비스는 특히 산업화의 이익에 대해 흔들림없는 확신을 가지고 있는 스노우가 산업혁명으로 인한 인간성의 희생에 대해 의문을 제기했던 19세기 작가들을 〈러다이트〉로 해고했어야만 한다고 주장한 것에 격앙되었다. 산업혁명의 진행과 함께 변화해 온 용어들에, 가끔은 부분적으로 그리고 불안하게 도달하는 것은 적어도 150년 동안 영국 문화의 핵심에 선 중심적인 드라마였다. 리비스 같은 사람에게 있어(정말로 그와 같은 사람은 없고, 그는 최소한의 사람을 〈대표할〉 수 있을 뿐이지만) 이 시기 동안 영국 작가의 최고 영광은, 이런 발전에 의해 부과된 경험의 질에 대한 지대한 해악을 고뇌하는 작가들의 의식이었다. 「그 후의 고찰(A Second Look)」에서 스노우는 이렇게 까다롭게 코를 막고 있는 사

---

24) F.R. Leavis, 'Two Cultures? The Significance of C.P. Snow,' *Spectator*(1962. 3. 9). 그의 *Nor Shall My Sward : Discourses on Pluralism, Compassion and Social Hope*(London, 1972)에 'Two Cultures? The Significance of Lord Snow'로 재수록, pp.42, 44-5, 47에 인용.

람들을 견딜 수 없음을 드러내고 있다. 역사적으로 가난한 사람들의 투표 기준은 항상 자신들의 발로 기회가 제공되자마자 공장으로 가기 위한 것이었으며, 가난한 나라의 가장 큰 희망은 산업주의의 물질적 이익을 확대하는 것이었다.[25]

〈리비스-스노우 논쟁〉은 명백히 영국의 문화사에서 친숙한 충돌, 즉 낭만주의 대 공리주의, 콜리지 대 벤담, 아놀드 대 헉슬리, 그리고 보다 덜 알려진 다른 예들의 재연으로 볼 수 있다. 그리고 이런 종류의 문화적인 시민전쟁에서, 패배자의 잔학 행위에 대해서는 새로운 약속에 대한 부담이 지워지곤 했으며, 이런 이유로 항상 진행되는 논쟁의 외면적 동기보다 더한 위험부담이 있게 된다. 그러나 리비스의 공격은, 스노우가 〈문학적 지성〉에 반대하여 만들고자 했던 특별한 경우의 한 예로 볼 수도 있다. 많은 관찰자들이 당황했음은 물론 리비스 비판의 횡포성에 섬뜩해 했으며, 다만 시기심 또는 악의와 같은 개인적인 동기라는 말로 설명할 수 있을 뿐이었다. 어쨌든, 이것은 필요하지도 않고 수용할 수도 없는 설명이었다. 리비스의 타협 불가능한 기질이 한몫했고, 만약 그가 주목받고 있는 본질적인 논쟁에 접근하고 있다면 숨김없이 말하지 않으면 안 된다는 그의 확신도 일정한 역할을 했다. 또한 본질적인 논쟁은 스노우의 권위와 색조의 본질을 포함한다. 그러나 그것을 넘어, 리비스의 공격은

---

25) 스노우는 1958년에 출판된 윌리엄스(Raymond Williams)의 『문화와 사회(Culture and Society)』를 읽었으나(77쪽에 있는 콜리지(Coleridge)로부터의 인용은 틀림없이 윌리엄스로부터 취한 것이다), 산업주의에 대한 문학적 반응의 그 복잡한 논의도, 〈문화〉의 옹호자들이 모두 〈러디즘(Luddism)〉에 오염되었다는 스노우의 확신을 바꾸지는 못한 것으로 보인다.

어떤 종류의 문학 비평의 저변에 깔려 있는 가정에 대한 보다 심원한 어떤 것의 본보기로 이해될 필요가 있다.

    문학 비평은 습관적으로 지엽적인 문장의 멋진 구성에 정성을 기울이며, 때때로 만약 어떤 것이 나쁘게 평가받는다면 그것에 대해서 말한다는 것 자체가 거의 용납되지 않는다. 형식과 내용 사이의 관습적인 구별이 문학에서 잘못된 것이라는 것은 비판 작업의 실제에서 거의 자명한 이치이다. 하나의 작품은 그 질서 속에 있는 말들이다. 누군가가 자신을 적절히 설명하는 데 실패했다 해도 그 본문의 〈메시지〉인 말들 배후의 어떤 〈의미〉를 마음대로 가정할 수는 없다. 그러므로 비평이란 느슨하고 혼란스러우며 공허한 작문에 의해 배반당한 사고의 결핍을 붙들고, 궁극적으로는 작품(being)의 결핍에 대한 증거를 찾는다. 이런 작문은 기껏해야 무능의 징표이며, 완벽하게 의도된 표현의 존엄성을 인정받을 수 없다. 그 결과 문학 비평은 자주 무관심한 관찰자에게 작가나 검사되는 비평의 개인적인 실패를 과장하고, 아무리 부적절하고 불분명하더라도 말해지는 무엇인가의 의미에는 게으른 것으로 보인다. 이것이 문학 비평의 논쟁에 문외한인 사람들을 오싹하게 하는 저 개인적 증오라는 망령의 주요 원천이다.

    리비스의 스노우에 대한 반응은 이런 양상에 해당된다. 스노우가 산문에는 자질이 무기력하고 어설프게 그럴 듯하다는 몇몇 혹평은 정당성이 없는 것이 아니며, 그리고 이런 작문에 의해 드러난 한정된 상상력과 단순한 지각적인 부주의에 대한 몇몇 그의 판단은 요점과 일반적인 적절성을 가졌다. 그러나 스노우의 강연이 그렇게 다양한 서로 다른 문화적 상황 속에 있는 많은 사람들로 하여금 자신이 관심의 주된 논제에 참여하고 있거나 도움이 되도록 접근해 있다고 느끼도록 흔들어 놓은 것은 무엇인가? 이와 같은 스노우의 작문에 대한 알레르기적 반응이 리비스가 올바르게 평가하는 것을 방해하고 있다.

비록 오늘날 멀리 떨어져서 보면 당시의 소란은 좋은 논쟁만큼이나 좋은 예절에 대해서였던 것으로 보이기는 하지만, 리비스의 공격은 강렬한 항의를 야기시켰다. 리비스 강연의 본문은 1962년 3월 9일자 《스펙테이터》지에 게재되었다(근대성에 대한 이런 논의가 두 개의 전통적인 장르인 강연과 정기적인 수필을 통해 행해졌다는 것을 기억하게 한다). 다음 호는 그 논제에 대한 16개 이상의, 거의 모두 리비스의 지나침을 힐난하는 편지를 실었으며, 다음 주에는 15개의 편지가 더 실렸다. 편지의 홍수는 계속되었고, 리비스를 지지하는 숫자도 증가했으며, 3월 30일자 《스펙테이터》지는 스노우가 과학이 세계의 나아갈 방향을 잡을 만큼 충분한 빛을 제공했다고 제안하는 것으로 보인다며 집중적으로 비판하는 논설을 실었다.[26] 편지들에 대한 적지 않은 관심이 케임브리지의 신학자이며 스노우의 가장 유명한 소설 『대가들(The Masters)』의 폴 자고(Paul Jago)라는 인물의 실제 모델로 알려진 찰스 레이븐(Charles Raven)으로부터 왔다. 레이븐의 편지는 품위가 있었지만, 스노우가 그의 강연에서 권위자인 것처럼 가정했던 학문적 추구의 본질을 그의 소설에 의하면 이해하지

---

26) 사설은 장난스럽게 윌리엄 제임스를 인용했다. 〈실재의 전체 자연에 관한 모든 불완전한 권위 중에서, 나에게 〈과학자〉를 다오. …… 그들의 관심은 가장 불완전하며 그들의 전문적 자만과 편협은 끝이 없다. 그들이 탐험하고 그리고 거기 그들의 빛나는 성취의 분야에 있어서의 그들의 뛰어난 권위에도 불구하고, 나는 과학자보다 답답한 종파나 동호회를 알지 못한다.〉 *Spectator* (1962. 3. 30), 387.

못했음을 드러낸다는 점을 지적하는, 아예 문제 자체를 무시해 버리는 것이었다. 대신에, 〈찰스 경은 우리에게 다만 출세제일주의를 제공한다. 그것은 자신과도 반대되는 경우이다〉[27]라고 평하였다.

그러나 가장 효과적인, 그리고 결과적으로 가장 광범위하게 인용되는 전체적인 일화에 대한 논평은, 미국의 문학과 문화 비평을 이끄는 라이오넬 트릴링(Lionel Trilling)으로부터 나왔다. 그리고 그것은 광범위하고 점잖은 반성이라는 그에 대한 평판이, 그의 예절의 고상한 근엄성과 함께, 그의 지적이 단순한 논쟁이나 당파적인 것으로 치부되서는 안 된다는 것을 뜻했기 때문에 더욱 더 효과적이었다. 놀랄 일은 아니지만, 그는 리비스의 논조에 반대했다. 〈리비스 박사가 찰스 경을 다루고 있는 논조에는 두 개의 의견이 있을 수 없다. 그것은 나쁜 논조이며, 받아들일 수 없는 논조이다.〉 그러나 이런 방법과 또 다른 방법으로 트릴링이 스스로를 리비스의 공격으로부터 멀리하고 있기는 하지만, 그가 리비스의 비판이 잘못되었다기보다는 옳다고 생각하고 있다는 것은 그의 수필 속에 명백히 드러나 있다. 특히 트릴링은 스노우의 강연에서, 소수의 중요한 모더니스트 작가들의 관점을 〈문학적 지성〉 또는 일반적인 〈문학〉으로 슬며시 받아들이고, 그런 다음에, 더욱 괘씸하게도 그것을 다시 〈전통적인 문화〉로 은연중에 인정한 다음에, 스노우의 중요한, 〈서구세계를 관리해온 것은, 과학적 문화의 등장에 의해 눈에 띌 만큼 축소되지는 않았다는 한도에서, 전통적 문화이다〉라는 주장에서 절정에

---

27) *Spectator*(1962. 4. 6), 443.

달한 것을 지적하는 것에 전력을 기울이고 있다(아래 11쪽). 그러나 이렇게 볼 때, 소수의 모더니스트 작가들과 서구세계의 관리 사이에 동가치성을 암시하는 것은 믿기 어려울 정도로 곡해한 것이며, 또는 정상적으로 자제된 트릴링이 표현했듯이, 〈그것은 당황스러운 진술이다〉. 스노우는 〈전통적 문화〉를 이런 방식으로 말함으로써 무엇을 의미할 수 있었을까? 〈이 문화가, 우리가 그렇게 부르기로 동의하고 있듯이, 문학이라는 것, 그리고 그것이 〈과학적 문화〉라고 불리는 것이 과학자들과 실험실에서의 그들의 작업에 대해 뜻하는 것과 같은 관계를 실제적인 문인들과 그들의 작품에 대해 뜻한다는 것은, 정말로 대단한 생각이다.〉 트릴링은 또한, 리비스와 마찬가지로, 19세기의 문인들이 산업혁명을 유감스럽게 생각하거나 또는 무시하고 있다는 스노우의 불만을 논점으로 삼았다. 〈더 이상 진리와 먼 것은 있을 수 없다.〉[28]

트릴링의 요약에 의하면, 스노우 강연의 모순과 과장은 오직 스노우가 하나의 목적만을 오만하게 추구함으로써 다른 문제에 대해서는 왜곡된 판단을 한 것으로 설명될 수 있고, 그리고 이 목적은, 동서관계 진전의 가능성, 다시 말하면 두 진영의 과학자 집단이 발견할 수 있는 상호 이해를 통한 세계평화라는 것이다. 그러나 여기서 트릴링은 스노우 강연의 또 다른 결점을 발견한다. 〈그것은 우리가 정치에 대해 기대해서는 안 될 가장 강

---

28) Trilling, 'The Leavis-Snow Controversy,' pp.150, 156, 158. 이 문제에 관한 스노우의 논증에 대한 트릴링의 해석은 마틴 그린(Martin Green)에 의해 도전받았다. 'Lionel Trilling and the Two Cultures,' *Essays in Criticism*, 13(1963), 375-85. 그리고 스노우는 112쪽 주 53에 그린의 반대를 인용한다.

력한 소망을 전하고 있다.〉 트릴링의 결론은 그답게 공평했다.〈나는 두 문화를 정말 많은 방향에서 잘못된 책으로 받아들인다〉라고 쓰고, 그러나 그는 또한 리비스의 반응을〈편협한 것으로〉 평가했다. 정말로 트릴링의 빈틈없는 지적은 문화적 격차가 가져오는 관점이라는 측면에 의존하고 있으니, 왜냐하면 그는 두 적대자가 얼마나 일반적인 문화적 격차를 가지고 있는가를 강조했기 때문이다. 둘은 유사한 사회적 배경을 가졌으며, 전통적 사회 엘리트의 밖에 서 있었고, 그리고 둘은 상식적 에토스(특정 집단의 문화적 특색 또는 도덕 규범)의 두 가지 특징을 대표한다. 〈진보 성향의 생기 있는 젊은이에게 영국, 조국, 그리고 의무에 바쳐질 두 사람을 선택하라고 한다면 그들은 틀림없이 리비스와 스노우라고 말할 것이다.〉 이런 의미에서, 그들은 둘 다 〈의회당원〉(17세기 중엽 영국내란 때 왕당파에 적대한 청교도)이다.[29]

1970년에 스노우는 《타임스 리터러리 서플리먼트(The Times Literary Supplement)》에 실린 리비스의 더욱 진전된 강연에 자극되어 직접 리비스의 공격에 답했다. 스노우는 리비스가 논쟁의 기본적인 규칙을 깨뜨리고, 자신을 잘못 인용했으며, 자신이 가지지도 않은 의견을 가졌다고 했고, 명백히 틀린 진술을 했다고 느꼈음을 분명히 했다. 그러나 이 지적에 의해, 논쟁은 영국에서의 고등교육의 확대 문제와 복잡하게 얽혀들게 되었다. 스노우는 1960년대 초기의 대학 신설에 갈채를 보냈으며, 1963년 로

---

29) 같은 논문, pp.163, 165, 171. 트릴링은 또한 리비스가, 〈잘 알려졌다시피, 현대 작가들에 거의 공감하지 않고 있고, 그러므로 그는 호감을 사면서 찰스 경의 그들에 대한 특성 묘사에 반대하여 그들을 방어할 수 없다는 것〉을 고찰했다.

빈스 리포트의 확장주의자 원리를 격찬했고, 짧은 공직기간 동안에 첨단 기술대학 설립 추진에 도움을 주었다. 그래서 그는, 비판적인 사람들이 〈학생이 많아질수록 질이 떨어진다〉, 확장은 수준의 하락을 대가로 얻어질 수 있다고 반대했을 시점에, 일반인들에게 격렬한 확장 정책의 대변자로 여겨졌다. 리비스는 이런 확장이 사회에서 대학의 독특한 교화적 역할을 실현하는 데 도움이 되기보다는 해가 된다고 보았고, 또 스노우가 인간의 욕구를 그처럼 기계적이고 단순히 양적인 용어로 생각하는 정신의 대표자라고 여겼다. 이런 논쟁, 그리고 정확하게는 이들 논쟁의 용어들은 영국에서의 연이은 교육체계의 수정과 더불어 표면에 드러나게 되었으며, 더 나아가 〈두 문화〉의 구별이라는 개념이 얼마나 보다 넓은 사회적 그리고 도덕적 태도에까지 얽히게 되었는가를 예증해준다.

보다 큰 사회적 발전 또한 여기서 큰 역할을 했으며, 최근의 영국사에서 자주 그러했듯이 사회계층 문제가 그 핵심에 있었다. 스노우는 분명히 영국에서 전통적 교육을 받은 상위층이 광범위하게 대중들의 삶을 계속해서 지배하고 있다는 데 좌절했다. 그의 저술은 계속해서 능력 중심 사회의 장점, 무엇보다도 전통적인 사회적 태도에 물들지 않은 과학적으로 훈련된 행정가라는 〈새로운 계층〉에 주의를 촉구했다. 그의 1956년 논설과 리드 강연은 그 자신이 사회적으로 과학자들 속에서 훨씬 더 편안하다는 것을 분명히 했으며, 그리고 이들 저술은 1950년대의 많은 소설가와 극작가에게서 흔히 볼 수 있는 어떤 계층의 분노(ressentiment)의 경계선상에 있다.

다른 방향에서 보아도 스노우의 논문과 그것이 일으킨 반향은 영국의 정치와 문화사에서 특수한 시기에 속한다. 1950년대 말은 〈스푸트닉(소련 최초의 인공위성)의 해〉로서 군사 경제적 불안이 기술적 경쟁성이라는 이슈로 대체되었다. 이것은 다시 해롤드 윌슨의 유명한 〈기술 혁명의 극도의 긴장 상태〉에 대한 1964년의 선거 연설에서처럼, 영국의 〈현대화〉를 위한 항로로서 제시되었다. 같은 시기에 상당한 주목을 끈 또 하나의 책이 스노우의 친구 플럼이 편집한 『인문학의 위기(The Crisis in the Humanities)』(이보다 넓은 사회 불안의 문맥에서 쓰어진 스노우 논문의 인용으로 가득 찬 책)였다.[30] 플럼의 논박에 의하면, 인문학에 대한 전통적인 개념은 통치 계층의 구성원이 되기에 적절한 신사 교육이었다. 이것은 이제 사회적으로 시대에 뒤떨어졌으며, 인문학은 〈과학과 기술에 의해 지배되는 사회의 요구에 자신을 적응시킬〉 필요가 있다. 스노우처럼 플럼도 과학, 민주주의 그리고 근대성(modernity)을 함께 결합시키는데, 영국은 세 가지 모두 결핍되어 있다. 그러므로 이제 〈전통에 대한 숭배를 줄이고, 그들의 교육을 20세기의 도시와 산업세계에 적응시킨 두 강대국(미국과 러시아)의 교육체계에 대해 좀더 겸손해질 필요가 있다.〉[31] 이것은 1960년대 초 영국에서는 진정 〈현대적〉인 목소리였지만, 30년이 지난 지금에는 그에 대한 확신과 선호된 모형

---

30) 수필가 중 여러 명이 스노우의 논문을 참고했으며, 그레이엄 휴(Graham Hough)는 그의 수필 「문학 교육에서의 위기」를 스노우-리비스 논쟁에 덧붙였다. J.H. Plumb ed., *Crisis in the Humanities*(Harmondworth, 1964), pp.96-7.
31) 앞의 책, pp.7-10. 스노우보다 6세 어린 플럼은 점잖은 사회적 신분으로부터 알더만 뉴턴 학교, 라이체스터를 거쳐 케임브리지의 크라이스츠 칼리지에 갔고, 결국은 석사가 되는 같은 경로를 따랐다.

둘 다 그렇게 매력적으로 보이지 않는다. 고전에 대한 애도, 영국〈현대화〉를 저해하는 신사적인 문화의 가치들은 오래고도 여전히 강력한 전통인 바, 위험한 것은, 스노우의 죽음 이후 수년 동안 냉정하게 드러났듯이, 그것들이 주로 상업적 실리주의와 같은 쇠락해가는 것들에 이상적인 위안을 줄 수 있을 뿐이라는 점이다.[32]

스노우 자신은 항상 자신의 강연이 대단한 반응을 불러일으킨 것이, 이미 모호해지거나 또는 대부분의 현대 사회에서 전체적으로 실현되지 않은 어떤 관심에 그가 조금은 보다 분명하게 초점을 맞추었다는 사실에 기인한다고 주장했다. 반응의 규모는 이것이 단순히 영국만의 편협한 관심사가 아니라는 것을 확실히 가리키며,[33]「그 후의 고찰」에서 그는 빈곤과 인구과잉이라는 세계적인 문제와의 관련을 강조하고 있다. 그러나 그의〈두 문화〉에 관한 논문은 그것이 기원한 환경을 넘어서서 살아 남았으며, 중심 개념이 얼마나 오래 잘 견뎌냈는가를 간단하게라도 검사해보려 한다면 학문 분야의 구도 변화와 보다 넓은 세계에서의 발전 두 가지를 다 보지 않으면 안 된다.

---

32) 예를 들면, 마틴 위너(Martin Wiener)를 둘러싼 논쟁, 즉『영국 문화와 산업정신의 쇠퇴』(Cambridge, 1981), 그리고 제임스 레이븐(James Raven, 'British History and the Enterprise Culture,' *Past and Present*, 123 (1989), 178-204)에 의해 제시된 보다 긴 안목을 보라.
33) 케임브리지 대학 출판부의 강연 원본의 평론 철, 그리고 특히 1964년에 「그 후의 고찰」과 함께 있은 재발행은 충분히 주제에 대한 세계적 관심을 증명한다. 스노우 자신은〈값진 논의들이 보통 영국 사람으로서는 접근할 수 없는 말, 폴란드어와 헝가리어, 일본어로 이루어졌다는 것을 듣고 좌절감 같은 것을 느꼈다〉고 비탄스럽게 진술했다(68쪽).

학문 분야의 구도 변화

〈두 문화〉 개념의 핵심에 학문 분야에 대한 요구가 들어 있다. 다른 문제들도(교육 제도, 사회적 태도, 정부의 정책결정 등등의 문제) 분명히 밀접하게 관련되어 있다. 하지만 만약 이 개념이 연속되는 문제들에 어떤 설득력을 가지려 한다면, 두 종류의 지적 탐구 사이를 구별짓는 특성을 설명해주어야 한다. 스노우의 개념이 1959년 당시의 학과 상태를 전체적으로 정확하게 나타낸다고 할 수 없다는 것은 분명하다. 누군가가 모더니스트 문학과 결합된 대체적으로 회고적이거나 염세적인 일련의 태도와, 자연과학과 결합된 보다 낙관적이고 〈현대화된〉 참여 사이의 대비를 드러낼 보다 특별한 요점을 스노우가 정말로 가지고 있다는 점을 인정한다면, 그리고 누군가가 영국적인 사회적 속물 근성과 그들이 영속적으로 교육에 반영시킨 태도에 대한 그의 혹평에 동조한다면, 그 사람은, 물론 그의 비판이 그랬던 것처럼, 그 개념이 묘사하는 가치에 대한 여러 제한조건들을 인정하는 것이 될 것이다. 그러므로 스노우의 강연 이후 사안이 어떻게 달라졌는가를 고찰하려는 것은, 그의 분석을 당연한 출발점으로 받아들이지 않겠다는 것을 뜻하는데, 그 이유는, 그의 중심 관념이 수십 년이라는 간극 때문에 매력을 상실하는 한에 있어서, 피할 수 없는 개념의 노화 과정은 물론이고 몇 가지의 중요한 지적, 사회적 변화 때문이다.

일반적으로 말해서, 지난 30년 동안 학문 분야 구도에 있어 가장 두드러진 변화는, 분명히 모순적이거나 적어도 갈등적인, 보다 특수화된 세부 학과의 발생과 학문 사이의 제휴를 시도하는 다양한 형태의 성장이었다. 그러나 일면, 이 두 변화는 둘 다 같은 방향성을 보여준다. 즉 오래되고 자신만만한 제국 대신에 복잡하고 때로는 놀라운 방법으로 교차되는 자기들끼리의 연합과 통신망을 가진 많은 작은 나라들을 보여주는 것이다. 누군가가 이런 변화들을 두 문화보다는 202개의 문화가 있다거나 또는 근본적으로는 오직 하나의 문화가 있을 뿐이라고 여긴다면, 그것은 대체로 무엇을 강조하는가의 문제 때문이다. 이런 두 가지 반응 사이의 차이점은 부분적으로 〈하나의 문화〉라는 관념의 어떤 특징들에 대해 강조하는가의 차이로부터 유래한다. 첫번째는 미세한 부분의 지적 동일성에 집중하고, 이로부터 각각 자신만의 관용어와 근거를 가진 다양한 자기충족적 사업들이 어떻게 분리된 전문 집단의 삶의 방식을 지탱하고 있는지에 집중한다. 두번째는 차라리 가장 큰 일상적인 골격, 즉 그 안에서 다양한 지적 활동들이 분할된 대화에 참여하거나 또는 어떤 일상적인 정신적 작용을 보여준다고 말해질 수 있는 방식을 조사한다.

어쨌든, 이들 반응 중 어떤 것도 과학이라 불리는 활동들이 공유하고 있는 어떤 차별성이 여전히 존재한다는 가능성을 규정하지도, 또 그것이 〈인문학〉이라 지칭되는 것에는 없는 특성이라고 엄밀하게 규정짓지도 못한다. 우리가 이것을 지적 생활에서의 구별을 조성하는 표시로 받아들이지 않는다 해도 결과는 마찬가지이다. 실제로 우리는 여전히 〈인문학〉과 〈과학〉이라는 용어를 계속 사용하는 것이 편안하다는 것을 알고 있음이 명백하며, 대부분의 목적을 위해서 이들 용어가 무엇을 뜻하고 있는지도 대략적으로 알고 있다. 그러나 이런 관습적인 사용은 이제 어떤 합의된 정의적 범주에 의해 뒷받침되지 않는다. 우리가 어떤 탐구 방법이나 일정 영역의 주제 또는 어떤 전문적이거나 문화적인 규범을 〈비과학〉으로부터 〈과학〉을 구별해주는 것으로 확립하려고 노력해야 하는가는 활기찬 논쟁거리였다. 물론 이런 구분을 위한 기초를 설립하려는 시도, 즉 일단 19세기가 과학이라는 범주에 신뢰할 수 있고 객관적인 지식의 유일한 제공자라는 특권과 짐을 부여하자 특별한 풍부함으로 번성했던 시도의 풍부하고 화려한 역사가 있다. 19세기 말의 빌헬름 딜타이나 20세기 중엽의 칼 포퍼 같은 철학자들은, 정당하게 〈과학적〉이라고 지칭되기 위해 지식의 형태나 탐구의 양상에 필수적인 일반적 특성을 명문화할 적절한 개념적 입법의 초안을 그리기 위해 노력했다. 어쨌든, 이런 어떤 시도도 다른 과학철학자들로부터 최소한의 일반적인 동의밖에는 얻지 못했다. 관습적으로 〈과학〉이라 불려 온 활동이, 논박되는 바, 모두 실험적 방법에 의해 진행된 것도 아니고, 과학의 발견이 모두 양화가 가능한 형태로 주조(鑄造)된 것도 아니며, 모두 반증을 구하지도 못했고, 모두 인간이 아닌 〈자연〉에서 작용하지도 않았다. 또 과학만이 유일하게 일반적 법칙, 응답이 가능한 결과, 누적적 지식을 산출하려 했던 것도 아니다.

　이런 정의(定義) 확립 문제들이 항상 그렇듯이, 우리는 몇몇 행위들을 〈과학〉으로 그리고 다른 것들을 〈비과학〉으로 구별하기를 원할지도 모르는 또 다른 목적을 경계할 필요가 있다. 19세기 후반부, 즉 과학적 열망이 절정에 달했을 때에는, 이것이 그 방법이 그렇지 못한 것으로부터 〈진정한〉 지식을 제공하는 과학적 탐구들을 구별해줌을 의미할 수 있었다. 계속해서 많은 실행 과학자들이 암시적으로 이런 가정을 승인했으며, 간혹 과학 대변자를 자청하는 사람은 그것을 가장 오만하게 당당한 형식으로 다듬으려 했다. 그러나 이제 이런 자신 있고 화려한 실증주의는 과거보다는 덜한 문화적 권위를 누리는 것처럼 보이며, 서로 다른 형식의 지적 탐구는 다양한 종류의 지식과 이해로 우리를 장식한다는 생각이 보다 광범위하게 받아들여지게 되었다. 누구도 다른 모든 사람들이 따라야만 할 유일한 모형을 구성하지는 못하게 된 것이다.

물론, 실제적인 연구 수행에 있어서 과학자들의 행위에 대한 철학자들의 다양한 이차적 묘사들에 의해 과학자들이 거의 영향을 받지 않은 것처럼, 〈과학자〉라는 정체성에 대한 대중적인 이해도 이런 발전에 의해 크게 방해받지는 않았다. 즉 이 용어를 머뭇거리지 않고 수학자, 물리학자, 화학자, 생물학자, 그리고 의학, 컴퓨터 그리고 공학 영역에서의 지도적 연구들에 적용한다. 대학 안에서조차 정의 확립의 문제는 보통 변두리에서만, 그것도 종종 순전히 조직이나 통계적 목적을 위해서 일어난다. 즉, 실험 심리학자들은 특정 과학재단으로부터 지원받을 자격이 있는가, 인구통계학자들의 작업은 지리학과의 업적에 포함되어야 하는가 아니면 통계학과의 업적에 포함되어야 하는가 등등이다.

그러나 〈과학〉 범주의 광범위한 사용이 최근 수십 년 동안 상당히 안정적이었다 하더라도, 과학 자체와 아마도 보다 심각하게는 스노우의 〈두 문화〉 주장에 내포된 과학의 이해 둘 다에 변화가 있었다. 광범위한 분야의 연구에 미친 충격이라는 관점에서 분자생물학의 발전은, 생화학과 의학적 탐구 사이의 모든 연구 영역을 재규정하고 생명공학과 유전공학에 수많은 윤리적이고 실제적인 문제들을 던진, 아마도 1950년대 이래의 과학에서 가장 의미심장한 변화였을 것이다. 그러나 과학적 사고의 본성에 대한 보다 일반적인 이미지라는 관점이라면, 가장 관심을 끈 것은 이론물리학, 천문학, 그리고 우주론에서의 업적일 것이다. 스노우에게도 효과적이었듯이, 물리학은 오랜 세월 동안 〈견고한 과학〉 중에서도 가장 견고한, 허약하거나 수준이 낮은 형태의 과학이 그에 견주어 측정될 수 있는 일종의 황금 표준으로 여겨져 왔다(그들 조건은 종종 〈물리학 선망 physics-envy〉으로 진단되곤 했다). 전통적으로 물리학은 제어된 실험으로부터 귀납에 의해 확인되고 반증되는 소수의 일반법칙의 연역적 분석이 우주의 물리적 성질들의 작용에 대한 예측적 지식을 얼마나 엄밀하게 제공할 수 있는가를 예증하는 것으로 간주되었다.

최근 20년 동안의 소위 〈신물리학〉은 두 가지의 서로 연관된 방향에서 이 모형을 수정해 왔다. 첫째, 물질의 본성이나 우주의 기원에 대한 신물리학의 실제적 발견들은 물리적 세계에 대한 지식의 바로 그 핵심에 예측 불가능성, 개방성, 그리고 목적론적인 요소까지 정착시키는 것으로 드러나고 있다. 양자 물리학과 〈혼돈 이론〉의 발전은 〈물질주의의 죽음〉, 즉 뉴턴 이래 지배적이었던 물질의 성질과 작용에 대한 기계적 모형의 죽음까지를 명시하는 것으로 받아들여져 왔다(이 분야의 많은 종사자들이 거부할 이들 업적의 의미 함축에 대한 하나의 극화).[34] 둘째, 이론물리

---

34) 〈물질주의의 죽음〉이라는 용어는, 이러한 발전에 대한 대중적인 소개서인 폴 데이비스와 존 그리빈이 쓴 『물질 미신: 혼돈과 복잡성을 넘어(*The Matter Myth: Beyond Chaos and Complexity*)』(Harmondsworth, 1992)에서 인용했다. 실험적, 관찰적 증거의 역할을 강조하는 보다 주의 깊고 강경한 평가를 위해서는, Malcolm S. Longair, 'Modern Cosmology: a Critical Assessment,' *Quarterly Journal of the Royal Astronomical Society*

학, 천문학, 그리고 우주론에서의 혁명적 업적의 바로 그러한 본성이, 엄밀한 연역적 결합과 경험적 관찰로 제어된 추론에 의해 진행되는 것으로 대표되어 온 과학적 사고의 모형에 도전하는 것을 도왔다. 상상력, 은유와 비유, 범주변형적 사색과 엉뚱한 직관의 역할이 더욱 두각을 나타내게 되었다(어떤 사람들은, 〈과학적 방법〉에 대한 지배적인 평판이 무엇이었든 간에 과학적 발견 과정에서는 현실적으로 언제나 이런 것들이 스스로의 역할을 했었다고 반박할지도 모른다). 결과적으로, 비록 몇몇 유사성은 차라리 부자연스럽거나 기껏해야 비슷한 종류로 보일 뿐이라고 말해야 한다고는 해도, 이제 많은 사람들이 과학/인문학 사이의 구분을 가로지르는 정신적 기능의 차이보다는 유사성에 대해서 더 많이 듣곤 한다.

학문 세계에서는 아마도 과학의 본성과 사회적 역할에 대한 비과학자들의 이해가 과학 자신의 변화보다는 과학에 대한 역사학자, 철학자, 그리고 사회학자들의 연구에 의해 더 의미있는 영향을 받아 왔다. 수적으로나 제도적으로 스노우의 시대에는 과학사와 과학철학이 꽤 그럴 듯한 기획 수준에 불과했지만, 최근 수십 년 동안에 주요 학문 분야로 성장하였다. 이 분야의 업적들은 과학에 대한 보다 풍부한 이해를 가능하게 했으나, 과학자들이 자신과 자신의 활동에 대해 희망했던 몇몇 개념에 대한 도전도 되었다. 과학사가들 중 토마스 쿤 같은 사람은 과학적 변화가 반드시 안정된 매개변수 내에서 지식의 지속적인 누적 형태를 취하지는 않았다고 주장했다. 변화가 불연속적인 도약이나 〈패러다임 변화〉의 형태를 취하게 되는 지점까지 〈변칙〉적

34(1993)을 보라.

인 증거들이 누적되며, 그것은 대체로 세대간의 변화에 뿌리를 둔 근본적인 관점의 변화와 새로운 전문적 합의의 창조를 포함한다.[35] 과학의 사회적 역사에 대한 보다 넓은 계획표는, 과학자 자신의 출신 성분, 아무 방향이 아닌 몇몇 방향으로 연구를 조정하는 정치적·문화적 영향력, 그리고 전문가 기질과 공평성의 이상에 영합된 사회적·심리적 요구와 같은, 〈외부적〉 요인의 역할에 주의를 집중시켜 왔다. 아주 최근의 연구들은 그보다 더 혁신적이어서, 과학적 지식의 구성 자체가 얼마나 문화적으로 가변적인 규범과 습관에 의존하고 있는지를 보여주는 데 헌신적이었다. 이렇게 보면, 〈과학〉은, 예술이나 종교만큼이나 한 사회의 세계에 대한 방향 결정의 표출, 그리고 동등하게 정치나 도덕의 근본적인 문제들로부터 분리될 수 없는, 다른 여러 문화 활동 중의 하나일 뿐이다.[36]

또한 이런 종류의 연구가 끼친 광범위한 충격은, 특히 학문 세계에서, 최근 수십 년 동안 우세했던 다른 흐름들의 정신과 동조하는 식으로 무언가 도움받고 있다. 예를 들면 몇몇 여성해방론자들은, 과학 속에 비장된 제어와 비인격성의 이상이 가진 성적 특성을 주장하면서, 과학의 이데올로기가 호소하고 있는 이성 개념의 〈남성주의적〉 편견을 공격했다. 비슷하게 〈문예 이

---

35) Thomas Kunn, *The Structure of Scientific Revolutions* (Chicago, 1963(2nd edn 1970))과 Gray Gutting ed., *Paradigms and Revolutions: Appraisals and Applications of Thomas Kuhn's Philosophy of Science* (Notre Dame, Ill., 1980)에서의 토마스 쿤의 업적에 대한 논의를 보라.
36) 광범위한 최신의 문헌인 Jan Golinski, 'The Theory of Practice and the Practice of Theory: Sociological Approaches in the History of Science,' *Isis*, 81(1990), 492-505를 조사하면 도움이 될 것이다.

론〉이라는 거대한 유행 사업은 자신의 특유한 부식성의 범주에 과학을 포함하기에 이르렀다. 그 주장에 의하면, 과학도 다른 저술 형태처럼 같은 종류의 수사적 전략, 문학적 비유, 그리고 불안정한 의미를 포함하고 있는 하나의 담론(discourse)이라는 것이다.[37] 이들 다양한 접근이 누적시킨 경향을 독일의 사회이론가 볼프 레페니스는 이렇게 요약하였다. 〈과학은 더 이상 실재(reality)의 신뢰성 있는 반영을 대표한다는 인상을 줄 수 없다. 차라리 과학의 실상은 문화적 체계이며, 우리에게 제한된 시간과 공간에서 특수하게 소외된 실재의 취향 결정적 이미지를 보여준다.〉[38] 이런 최신 연구의 혁신적 의미 함축이, 연구를 실행하는 과학자들은 제쳐두고라도 모든 과학철학자들과 역사학자들에게 환영받을 수는 없다. 지적인 유행의 추가 곧 과학적 지식의 특수한 지위에 보다 큰 강조를 두는 쪽으로 역행할지도 모르지만, 현재에 있어 과학에 대한 이런 상대주의적 평가의 만연은 〈두 문화〉 논제의 보다 강하거나 공격적인 해석을 승인하는 것을 더욱 어렵게 만들고 있다.

위에서 언급한 몇 가지 경향이 인문학 중심지에서의 최신 연구로부터 유래한다는 사실은 우리도 스노우의 구분과 다른 쪽의 변화에 참가해야 함을 말한다. 〈문학적 지성〉의 문화에 대한 스노우의 소묘에서 자주 잊혀지는 것이 있다. 즉 스노우가 우선적

---

37) 대표적인 최근의 예는 David Locke, *Science as Writing* (New Haven, 1992)을 보라.

38) Wolf Lepenies, 'The Direction of the Disciplines: the Future of the Universities,' *Comparative Criticism*, II(1989), 64. 원래는 독일어로 씌어졌던 이 논문에서 레페니스는 〈과학〉이라는 용어를 Wissenschaft라는 독일어의 의미로, 즉 탐구의 어떤 체계적 본체로 사용하고 있다.

으로 거론한 것은 학문적 집단이 아니라, 본래의 환경이 대도시에서의 출판과 저널리즘인 작가들과 비평가들이었다는 점이다. 이런 환경에 대해 그가 선호한 것은 〈옥스퍼드와 하버드〉가 아니라 〈첼시와 그리니치 마을〉이다(예를 들면, 아래 2쪽). 이것은 분명히 스노우 자신에게 가장 친밀한 세계를 반영하지만, 또한 시간적 차이에서 발생하고 〈두 문화〉 개념에 대한 우리의 이해를 조건지운 중요한 변화를 지적하고 있다. 1950년대 후기 이래 전세계에 걸쳐 고등교육이 엄청나게 확장되었고, 그 결과 과거와 달리 선진 사회의 국가 문화에서 대학과 그들의 이해관계가 차지하는 위치가 크게 확대되었다. 반면에 이들 사회에 의해 제공되던 작가와 문학적 저널리스트로서 삶을 영위할 수 있는 기회가 줄어들었다. 스노우의 〈문학적 문화〉는 주로 출판업자들의 파티에서 만난 사람들과 《뉴 스테이츠맨》 또는 《파르티잔 리뷰》에 실린 다른 사람들의 작품에 대한 최근의 평론을 논한 사람들에 의해 구성되었다. 그때 이래로 일반적 문화에 대한 많은 정기간행물이 폐간되거나 문학 지면을 축소시켰고, 스노우의 〈문학적 지성〉의 현대적 인물들은 학술회의나 대학을 기반으로 한 〈작가〉 연수회에서 만날 수 있게 되었다.

더구나, 〈문학〉에 의해 대표된 가치에 대한 스노우의 고도의 선택적 특성화는 그 어느 때보다도 설득력이 적은 것으로 보인다. 형식적 실험주의와 하이 모더니즘(High Modernism)에 많이 드러난 정치적 반작용과의 혼합은 자연스럽게 1930년대의 실증주의적 진보주의를 전기 또는 반 모더니스트적인 소설 작법에 결합시킨 사람들의 적개심을 불러일으켰고, 그의 첫번째 〈재고(afterthought)〉에서 그가 〈문학적 지성〉에 대한 그의 묘사가 선택적이었음을 인정했을 때조차도 그는 여전히 이런 긴장이 〈문학적 감수성을 좌우해 왔다〉[39]는 것을 고집했다. 이런 주장은 지난 30년 동안의 문학에는 유지될 수 없다. 정말로, 전통적 이야기 형식의 작법과, 한정된(심지어 편협한) 스노우 자신의 소설에서 보여준 것과 다르지 않은 제재의 혼합은 몇 가지 방향에서 이 시기 영국 작품의 두드러진 특성일지도 모른다. 더구나 세계의 다른 부분에서 씌어진 문학은 스노우가 파운드, 엘리엇, 윈드햄 루이스와 동료들에게서 개탄해 마지않은 반동적 또는 〈러다이트적〉 경향이 만연되지도 않았다. 내친 걸음에 어떤 사람은 스노우에게서 〈진보적〉, 평등주의적, 현대성 취향의 태도가 그 반대적 가치가 이룩했던 영향력과 호소 같은 어떤 것으로 문학 속에 표현되지 않아 보인다는 것에 대해 어떤 애도를 표할 수도 있을 것이다. 여기서 상상력이 기억력을 갖추게 된 경향(memory-powered tendencies of the immagination)에 대해 그가 인정한 것보다 더 깊이 의심해볼 수 있다.

주의를 문학적 학과로 옮김에 있어, 과학에 대응하는 것은 문학이 아닌 비평이라는 것을 알지 않으면 안 된다(문학은, 엄밀히 말하면, 자연, 즉 연구의 제재에 대응한다). 스노우의 시대 이래 문학적 연구의 학문적 면모는, 특히 미국에서, 논쟁을 불러일으킬 만한 속도로 변화해 왔다. 분명하게 평가적인 비평으로부터 이탈하여 〈이론〉 형태로 변신한 것은, 변화에 동조하지 않은 사람들에게는 과학의 과정과 주장에 대한 오도된 모방의 본보기로 보였을 것이다. 여기서 가장 의미심장한 변화의 하나는, 스노우

---

39) 'The "Two Culture" Controversy: Afterthoughts,' 66.

가 처음으로 대비시킨 용어에 의하면, 독점적이지는 않지만 특히 미국에서의, 자신만의 전문적인 학회와 전문 출판물을 가진 〈과학과 문학〉의 전체적인 아류분야(subfield) 또는 〈학제간 연구(interdiscipline)〉의 발전이었다.[40] 물론 모든 이런 학제간 또는 복합 학과들의 경우, 그 결합 기능에 문제가 있다. 때로 그것은 두 개의 자랑스런 왕국이 고상한 자기만족 속에 나란히 놓이는 단순한 병렬을 의미하며, 더 많게는 한 쪽 연구 주제의 다른 쪽 관심에의 종속을 의미한다. 실제로, 과학자들은 그들의 실험 기술을 셰익스피어의 희곡이나 제인 오스틴의 소설을 조명하는 데 적용하려고 덤벼들지 않았으나, 문학 이론가들은 담화 분석의 영역을 가장 꾸밈 없는 과학적 연구 논문의 핵심에서의 놀라운 비유적 역할을 들추어내는 것에까지 확장하려고 노력했다. 아마도 이런 결합이 양친 모두에게 기쁜 자식을 낳을 수 있을 것인지의 여부를 말하는 것은 너무 이를지 모른다. 그러나 그 시도는 〈두 문화〉 논제에 함축된 몰이해의 간격을 줄이는 데 도움이 될 것이다.

「그 후의 고찰」에서 스노우는, 그가 사회적 역사가로 대표된

---

40) 지금은 국제적인 〈문학과 과학 협회〉가 있고, 그 분야 연구의 성장하는 본체에 대한 독립된 저서목록이 출판되었다. *Comparative Criticism*, 13 (1991), xv-xxix에서 〈문학과 과학〉에 대한 전문적인 〈편집자 서문〉을 보라. 이런 연구의 대표적인 본보기로는 조지 레빈(George Levine)이 편집한 *One Culture: Essays in Science and Literature*(Madison, 1987)을 보라. 그리고 왕립 협회(Royal Society), 영국 학술원(British Academy), 그리고 왕립 문학협회(Royal Society of Literature)가 후원한 문학과 과학에 대한 첫번째 강연(Gillian Beer, 'Translation or Transformation? The Relations of Literature and Science,' *Notes and Records of the Royal Society of London*, 44(1990), 81-99)에는 특별한 의미가 부여된다.

다고 여긴(플럼에 의해 고무되었을) 〈제3의 문화〉라고 부르려 했던 것의 존재를 충분히 인지하지 못했었음을 후회했다. 이것은 학과 구도의 그림에 사회과학의 자리를 용납하지 않았던 원 강연에서의 명백한 소홀함을 치유하려는, 차라리 무기력한 시도였다. 스노우가 〈문학적 지성〉에서 발견하려 한 특성이 경제학자나 범죄학자에서는 거의 존재하지 않는 것으로 보이는 바, 그럼에도 그는 이들 학과를 과학의 범주에 포함시키지 않은 것이 분명한 것이다. 1950년대 후기의 영국 대학들 대부분이 다른 지역 특히 미국의 대학들과 비교할 때 보다 새로운 사회과학들을 환영하지 않은 것은 사실이지만, 그러나 그 시기 이래로 방대한 확장이 있었던 것 또한 사실이다. 전체적으로 이들 여러 분야에서 지배적인 가정은 조금은 덜 실증적이 되었고, 해석학 또는 문화 분석의 단순한 역사적 양태에 보다 넓은 공간을 허락하게 되었다. 그러나 여전히 많은 사회과학의 전문적 이상과 발표 형식은 적어도 인문학에 있는 이웃들만큼은 자연과학에 있는 이웃과도 많은 공통점을 가지고 있다. 첨언하면, 지금도 〈인문학〉 또는 〈과학〉의 어느 쪽에도 분류될 수 없는 다양한 사회적, 응용적, 전문적, 그리고 직업적 학과들이 많다. 그리고 그들에게 〈두 문화〉의 개념은 기껏해야 부적절한 시대착오에 불과하다.

앞선 문단에서 언급한 예가 우리에게 상기시키듯이, 그 특성 중 어떤 것이 비교를 위해 선택되는가에 따라 학과에 대한 다양한 분류가 가능하다. 학문의 대상에 따른 분류는 공개 형태에 따른 분류와는 다른 배열을 낳으리라는 것 등등이다. 이 점을 반영하는 것은 단순히 스노우 본래의 양극성을 연속적인 스펙트럼으로 부드럽게 하는 것 이상을 하게 될 것인데, 왜냐하면 그것은 학과들을 배열할 오직 하나의 축이 없다는 것을 뜻하기 때문이다. 오히려 상호관련과 대비를 묘사하는 모든 복합적 매개변수가 동시에 구성될 수 있는 다원적 도표와 같은 무엇인가가 필요해진다. 이런 식으로, 대학 학과의 본성은 물론이고 계속해서 개별 학과 내에서의 발전 등을 반영하는 것은, 그 어느 때보다 두 문화라는 어떤 이원적 구분도 받아들이기 어렵게 보이도록 만들 것이다. 그러나 거기에는 스노우의 분석에 깊이 새겨진 보다 깊고, 어떤 면에서는 보다 흥미로운 요점, 즉 점증하는 지식의 전문화라는 문화적 충격이 있었다.

전문화

국외자들은 다른 집단에서는 통일성을 보고 자신들의 집단에서는 미세한 차이점을 보는 경향이 있다. 생화학자나 전기기술자들은 경험적 사회학자와 현대 사회 역사학자 사이의 차이를 거의 인식하지 못할 것이며, 마찬가지로 고전학자나 예술사가들은 물리학의 다른 분과들이 공유한 것이 그들을 구분하는 것보다 훨씬 더 현저하게 볼 것이다. 그러나 이런 모든 분야나 그 아류 분야들은, 어떤 구분도 다른 모든 것보다 명백히 더 중요하지는 않을 정도로, 점차 자신들의 관심, 방법, 그리고 어휘들을 발전시켜 왔다. 이론 경제학자와 프랑스의 시 평론가들도 〈과학자〉와 〈인문학자〉가 그렇게 생각되었던 것과 마찬가지로 서로 상대방의 전문적인 연구에 몰이해적이다.

이러한 전문화 과정을 한탄하는 것은 실속이 없다. 그것은 지성 진보의 전제조건이며, 종종 개념과 기술의 인상적인 정교함을 보여준다. 전문적인 철학자에 의해 쓰여진 모든 단어가 교육받지 않은 풋내기 독자도 접근할 수 있는 것이어야 한다고 고집하는 것은, 결정학자(crystallographer)에게 그런 기준을 강요하는 것 이상으로 의미가 없다. 주의를 끄는 질문은 차라리 이런 전문주의들이 보다 넓은 문화와 관련을 맺는 방법과, 모두가 한 대학 학과의 영역으로는 결코 환원될 수 없는 그런 대상들의 논의에 전문주의가 준 충격에 대한 것이다.

여기서 또 다른 단순한 진리, 즉 우리가 오직 하나의 정체성을 가지고 있지는 않으며, 전문적 훈련이나 직업에 의해 완전히 정의되지도 않는다는 것을 강조하는 것이 도움이 될 것이다. 우리는 겹치는 정체성들(사회적, 종족적, 성적, 종교적, 지성적, 정치적 등등) 속에서 살고 있으며, 그들 중 어느 하나도 홀로 지배적이거나 지속적으로 우리의 반응을 결정하지는 않는다. 그러므로, 우리가 꼭 면역학자나 거시경제학자의 자격으로 천문학에서의 최신 성과에 대한 대중적인 기사나 엘리자베스 1세의 최신 자서전을 읽지 않아도 되는 것처럼, 공적인 사건이나 논의에 꼭 유기화학자나 사회인류학자로서 참여하지는 않는다. 학문적 생활의 위험 요소 중 하나는 그것의 규범과 조직이 다른, 때로는 더 깊은 인연과 충실을 무시하고 학과적 제휴의 영향력과 중요성을 과장하도록 우리를 북돋운다는 점이다. 마찬가지로, 가능한 한 가지 형태의 〈공통 문화〉는 없다. 공통성은 다양한 형태를 가지며, 우리는 단순한 포용이나 배척이라는 견지에서보다는 이렇게 나누어진 세계에의 참여 정도라는 견지에서 사고할 필요가 있다.

스노우가 이른 바 문화 사이의 차이를 설명할 때, 열역학 제2법칙을 잘 모르는 인문학에 대해 말했다는 것은 잘 알려져 있다.[41] 이 특수한 예의 적합성이나 다른 가능성은 제쳐두고라도, 공통 문화를 그렇게 순수하게 공유된 정보의 본체라는 입장에서 생각하는 것이 가장 유리한 것인지를 우리는 물을 수 있다. 어쨌든, 학교나 또는 대학 교육에서 학과들 사이에 선택이 이루어질 필요가 있는 순간 날카로운 경계의 가능성이 주어진다. 그러나 보다 근본적으로, 전문화의 문화적 효과가 불안 또는 회한의 문제인 한(그리고 아마도 〈두 문화〉에 대한 모든 단어가 통일에 대한 갈망에 배치되는 한), 그 원인은 동일한 지식 체계를 가진 사람들 각자의 이상에 그것들이 어긋나게 판단되기 때문이 아니라, 차라리 사회적 사건들에 대한 효과적인 행위를 가능하게 하는 서로 인지할 만한 관점의 교환 또는 논쟁을 유지하는 것이 불가능하도록 위협하기 때문이다.

이것이 분명히 암시하는 것은, 필요한 것이 잠재적 물리학자에게 디킨스의 책을 읽으라는 것도 아니고, 잠재적 문학비평가에게 몇 개의 기초적인 자연 법칙을 외우라는 것도 아니라는 점이다. 오히려 우리는 각자의 전공 언어를 발휘할 뿐 아니라 보다 넓은 문화적 대화에 참여하고, 배우고, 결과적으로 기여하는, 지적으로 양면적인 능력의 성장을 고무시킬 필요가 있다. 분명히, 한 사람의 교육이 너무 일찍 전문화되지만 않는다면 도움이 될 것이며, 스노우의 경고는 타당성을 유지할 것이다. 그

---

41) 너무 유명해서 이 예는 플랜더스 앤 스완(Flanders and Swan)이 부른 코믹한 노래에까지 다루어져서 *At The Drop of Another Hat*이라는 모음집에 포함되어 있다.

러나 여전히 보다 중요한 것은 다양한 전공이라는 사회 풍토 내에서, 어떻게 그들의 활동이 더 큰 문화적 전체와 조화하는가에 대한 이해는 물론이고, 이런 보다 큰 문제들에의 참여가 의무가 없는 자발적 작업이 아니라, 주어진 분야에서의 전문적인 성과에 대한 필수적이고도 적절한 보상의 일부라는 것을 인지하는 것까지 교육하는 것이 될 것이다.

  이런 사회 풍토를 일방적으로 창조하는 것이 어느 한 대학 학과의 능력만은 아닌 것은 분명하다. 상호 교류와 존중의 가능성은 둘 모두 좋은 문화적 전통에 달려 있다. 예를 들면, 프랑스와 영국에서의 지성인에 대한 자세의 차이는 학자들의 대중적 논쟁에의 참여에 대한 다른 입장을 부여하며, 다음으로 이러한 점이 전문직업 형성과정의 일부로서 체득되게 된다. 일반적으로, 경쟁적 탐구로의 압력은, (특히 자연과학에서) 보다 큰 문화적 또는 윤리적 문제에 관여하는 것을 안일한 선택 상황 즉 첨단 연구 분야에 보조를 맞출 수 없는 사람들에 의해서만 추구되는 것으로 좌천시키는 경향이 있다. 그러나 자연과학에서든 다른 어떤 것에서든, 전문가들이 그들의 일을 비전문가들이 이해할 수 있는 언어로 표현해야만 하는 경우가 많이 있다. 이것은 대학위원회에서의 연설이나 신문에 서평을 쓰는 등의 활동들을 포함한다. 스노우의 생각과 비슷한 예를 든다면, 특수한 형태의 기술의 사용에 대해 정부부처에 조언하는 것이다. 여기서, 일반적인 전문가 정체성의 딱딱함 속에서도 고무적인 신호는, 스티븐 제이 굴드, 리처드 도킨스나 스티븐 호킹 같은 소수의 총명한 개인들이 최첨단의 창조적 과학 연구를 광범위한 대중들과의 의사소통과 결합시키는 가능성을 보여준 방식이다. 그리고 이것은, 지적되어야만 하는 바, 서로 다른 분야에서의 앞선 지식을 광범위하게 마음대로 사용할 수 있는 현대의 레오나르도 다빈치가 되려는 사람들 중의 어떤 한 사람에 의해서가 아니라, 오히려 숙련 기술을 존속시키거나 습득하는 사람, 그리고 비전문가인 독자들에게 극단적인 기술적 탐구의 세부사항을 제외한 어떤 중요한 것을 나누어주려는 갈망에 의해서 이루어져 왔다.

이 점에서 학과를 분류할 수 있는 축들 중의 하나가 특별한 탁월함을 보인다. 학과에 따라 저술 활동에 대한 입장은 크게 다르다. 많은 형태의 실험적 과학에서는 실제로 저술이 창조적인 역할을 하지는 않는다. 여기서 저술은 인문학에서와 같은 발견의 과정이 아니라 사후 보고이다. 〈자세히 쓰기(writing up)〉라는 숙어가 드러내고 있듯이. 결과 제출 시에는 정확, 명료, 질서가 확실히 요구되지만, 많은 연구 과학자들은 한 사람의 발견을 이해 가능한 형식으로 조정하는 것을 허드렛일로 간주한다. 과학자들이 이론이나 발견의 우아함을 칭찬할 때(그들이 자주 그런다는 것은 기억해둘 만하다), 그들이 칭찬하고자 하는 것은 보통 개념적·수학적 깔끔함이거나 설명 원리의 경제성이다. 문체의 우아함은, 개별적인 과학자가 그것을 소중히 여길 수는 있겠지만, 전문가의 전형으로서 장려되거나 존중되지 않는 경향이 있다. 그러나 많은 인문학과에서는 가장 창조적인 사고가 바로 그 저술 과정에서 이루어질 수 있을 뿐만 아니라, 하나의 책이나 논문이 씌어지는 양식 자체가 도달된 이해 수준의 주요한 구체화이다. 이런 점에서 인문학 연구는 보다 개인적이며, 의역 또는 종합적 재진술이 쉽지 않다. 그래서 문학 학과에서의 입문 교육은 교과서보다는 명문선집을 사용하는 경향이 있다. 표현의 원문이 필수적인 것이다.

  그렇다면 이런 차이는, 특정 학과의 탐구 습관과 이상이 대중적 논쟁에 참여하는 사람들에게 요구되는 적성과 성향의 발전을 어떻게 저해했는가라는 앞서의 문제로 돌아간다. 그리고 이것은 어떤 편협한 의미에서도 교양의 문제만은 아니다. 스노우 이래 대중적인 명사와 인문학자들의 〈과학적 무지〉를 개탄하는 경향이 있었지만, 연구 과학자들의 역사와 철학에 대한 무지 또한 적어도 그만큼은 해로울 것이다. 더구나, 관료나 일반 대중이 과학보다는 인문학에서 추구하는 지적 활동의 본성에 대해 더 많이 이해하고 있다는 것도 전혀 확실하지 않다. 실제로, 검증되지 않는 질적 판단을 격렬하게 의심하고 양화할 수 없는 가치 판단을 참지 못했던 현대 자유민주주의의 공리주의적 대중 언어는, 어떤 점에서는, 인문학에서 〈탐구〉라고 불리는 어떤 어색함만을 가진 것을 정당화하기보다는 의학적, 산업적, 그리고 유사한 응용을 약속하는 자연과학에서의 기본적인 탐구를 정당화하는 것을 더 쉽게 만들었다. 이런 점에서, 21세기에 들어서면서 전문가들이 대중과의 의사소통을 경멸하는 것은 과학보다는 인문학의 안녕에 보다 실제적인 해를 입히는 결과를 가져올 수도 있다.

  이 모든 결함에도 불구하고, 스노우의 논증은 우리가 우리 시대의 지식 조건에 만족해 하는 것을 예방하는 값진 효과가 있다. 학과 사이의 엄밀한 구분, 상호 이해의 결핍, 다른 전문 집단에 대한 잘못된 우월감과 경멸 등, 이런 것들은 사물의 변하지 않는 질서의 일부분으로서 운명적으로 받아들여야 할 것이 아니라 〈문제점〉으로 보여야만 한다(또는 볼프 레페니스를 다시 한 번 인용하면, 〈우리가 필요로 하는 것은 비극적인 허영심과 원리의 완고성을 줄이고, 아이러니와 자기비판 그리고 우리 자신의 과학적 연구를 밖으로부터 보는 능력을 키우는 것이다)).[42] 하지만 스노우는 이 주제를 지구의 미래에 대해 방대한 영향력을 가진 보다 큰 논쟁에 연결시켰으며, 이제 우리는 이 문제에 대한 그의 논증이 시간의 시험을 얼마나 잘 견뎌 왔는지 고찰할 필요가 있다.

변화하는 세계 속의 〈두 문화〉

현대성에 대한 가장 익숙한 비유는, 한 사람의 일생 동안에 일어나는 변화의 속도가 거의 이해의 한계를 벗어날 지경까지 이르렀다는 곤혹스런 반성이며, 우리는 그 진행이 통제를 벗어났다고(언제 그것이 통제되기나 했던가?) 개탄하는 사람들에 의해 제공된 문화적 염세주의라는 유혹을 알지 않으면 안 된다. 1959년에 문제로 진단된 것이 수십 년 동안 더욱 악화되었을 뿐이라고 당연히 받아들이기보다는, 스노우의 〈두 문화〉 논제에서의 결실은 완전히 유익하지도 않고 완전히 비극적이지도 않은 변화라는 견지에서 수정할 필요가 있다는 식으로 고찰하는 것이 도움이 될 것이다. 예를 들면, 교육받은 대중의 과학에의 노출과 과학적 진보의 충격이 이 기간 동안에 막대하게 증가했다. 아마도 과학자들의 연구에 대한 관심과 이해를 유포시키는 데 텔레비전보다 더 큰 영향력을 행사한 것은 없을 것이다. 처음으로 영국에서 막 텔레비전이 확산되기 시작했을 때 연설했기 때문에 스노우의 사고 속에 텔레비전의 역할이 거의 자리잡지 못했으리

---

42) Lepenies, 'Directions of the Disciplines,' 64.

라는 것은 이해할 만한 일이다(그리고 어쨌든 우리가 알고 있듯이 스노우 입장의 주요 골격은 1930년대에 자리잡은 것이었다). 그러나 텔레비전은 단순한 형태로라도 많은 양의 과학 정보를 살포한다. 뿐만 아니라, 정규 교육에서는 과학적 탐구의 짜릿한 맛에 대한 어떠한 감각도 전해지 못했던 것을 수백만의 사람들에게 자연의 신비에 접하도록 상상력을 유발시키기도 한다.

더 나아가 스노우가 집필한 이후 발생한 극미전자공학적 혁명은 기차 또는 내연기관이 앞선 세대에게 주었던 것과 같은 거대한 충격을 매일 매일의 일상 생활에 주고 있으며, 기술 진보의 빠른 속도는 계속적으로 일상적인 이해를 위협하고 있다.[43] 사색에 산문의 형식을 제공하려는 고대로부터의 작업조차도 인쇄기의 발명 이래 어떤 변화보다도 이 발전에 의해 더 깊이 영향받았을 것이다. 벽에 있는 구멍에 케이블로 연결된 한 세트의 플라스틱 상자 위를 가볍게 침으로써 스스로 창조되고 수정되는 하나의 문장. 컴퓨터는 매일 매일의 생활에 표준적인 특징이 되어버렸고 사용자들에게 응용과학의 힘에 대한 어떤 초보적인 경험을 제공해주는 기계 중에서 가장 인상적인 주인공이 되었다. 아마도 특별히 허세 부리는 형식의 잘못된 신념을 가진 후일의

---

43) 예를 들면, 현재 마이크로프로세서의 성능은 2년마다 배가되고 있다. 기억용량은 매 3년마다 네 배가 된다. 〈1980년에는 프로세서가 당신이 문자를 치는 동안에 약 39,000개의 지시를 실행할 수 있었으나, 1990년에는 1,250,000 …… 우리가 만약 프로세서가 하나의 지시를 실행하는 시간인 알기 쉬운 1초를 비율에 따라 늘인다면, 1980년에는 하루에 약 두 개의 비율로 문자를 치고, 1990년에는 2주일에 하나의 문자를 치는 셈이 된다.〉 Jean Bacon, 'Computer Science and Computer Education,' *The Cambridge Review*, 112(1991), 174.

〈문학적 지성〉은 워드 프로세서로 글을 쓴 다음에 과학적 진보의 전적으로 부정적인 효과에 대한 한탄을 잡지사에 팩스로 보낼 것이다.

그러나 이러한 변화들이 현대 세계에서 과학의 중추성에 대한 보다 큰 평가를 낳을지는 몰라도, 그들의 성공에 의해 과학은 어쩔 수 없이 양면적인 반응을 낳을 것이다. 틀림없이 스노우가 간파했다고 생각했던 것(아마도 전쟁 전의 그 자신의 사회적 경험을 반성한)보다는 과학이 무언가 천박한 공리주의적이고 더러운 것이라는 속물적인 경멸은 줄어들 것이다. 그러나 해로운 결과의 가능성에 대한 불안도 더 많이 나타날 것이다. 인간이 자연 세계를 어떻게 취급할 것인가 하는 모든 문제는, 과학적 제어의 확대와 그 결과에 대한 불안의 증가가 서로 연계되는 변증법을 예시해준다. 기술이 환경에 미치는 해로운 충격에 대한 맹렬하고 소란스런 불평 속에서 잊고 있는 것은, 이들 결과들을 확인하고 분석할 수 있는 것도 과학의 진보라는 간단한 사실이다(오존층의 구멍이 명백한 예를 제공한다). 틀림없이 이러한 문제들에 대한 좀더 긍정적이고 실제적인 반응은 위험한 기술을 만들어낸 능력이 자비로운 기술을 낳을 수 있는 최고의 희망이라는 것을 인식하는 것이다. 비슷하게, 스노우는 적절하지 못한 수준의 과학 교육이 과학을 평가절하되도록 하지 않을까 두려워했으나, 전 세계에 걸쳐 과학 교육이 방대하게 확대되던 시기에는, 놀랄 일은 아니지만, 과학과 과학적 추론이 과대평가되지 않을까 하는 불안이 동반되었다. 때때로 이런 반응들은 인류에게 정신적으로나 생태학적으로 파괴적인 과학 사업을 모두 거부하도록 강요하는 극단적인 형태를 취할 수밖에 없게 했다.[44] 그러나 이런 반응에는 도덕적인 마음가짐은 물론이고 현실주의가 결여될 가능성이 있으며, 그러므로 보다 건설적인 반응은 틀림없이 자연 세계에 대한 우리의 증가된 지식에 의한 방대한 이익뿐만 아니라, 한계와 위험에 대한 자각까지도 과학 교육 속에 포함시키는 방도를 모색하는 것이 되겠다.

비록 스노우는 영국에 많은 수의 훈련된 과학자를 육성하라고 촉구했지만 실제로는 어떤 특별한 교육적 제안도 제시하지 않았다는 것이 자주 잊혀지고 있지만, 물론 교육은 스노우가 진단했던 문제의 근원으로 보였다. 내가 이미 지적했듯이, 그가 집필한 시기는 영국에서의 학교 교육이 특히 전문화되던 마지막 시기였으며, 이것이 그의 분석에 영향을 준 것은 분명하다. 다른 주요국의 교육 체계에서 이렇게 빨리 전문화를 허용한 적은 없었다. 그러나 영국에서조차 최근 수십 년 동안 학교와 대학에서 연구되는 학과의 영역을 확장하려는 시도(항상 성공적이지는 않았다고 말해야 한다)가 있어 왔으며, 다른 곳에서는 그 추세가 어린이들을 가능한 한 늦게까지 다양한 학과에 균형 있게 접하게 하려는 것으로 나타났다. 20여 년 전, 조지 스타이너(그 자신 유명한 조기 전문화 경향의 예외적 인물로서, 유력한 문학비평가가 되기 전에 물리학을 전공했다)는 미래에는 구식 말솜씨만을 가진 사람들이 〈말의 천민〉이 될 위험에 빠져 그들 사회의 진보 과정에서 배척당할 수도 있음을 경고했으나,[45] 언어 교양은 물론 기초 수

---

44) 데이비스와 그리빈은 〈현재 서구 사회의 반과학적 반동〉에 대해 말했다 (*The Matter Myth*, p.20). 이런 반동에 대해 광범위하게 논의된 최근의 예는 브라이언 애플야드(Bryan Appleyard)의 『현재의 이해(*Understanding the Present*)』(London, 1992)가 있다.

학에 대한 필요성도, 아직은 불완전하지만, 점차적으로 인지되어 가는 것처럼 보인다.

이 주제를 논할 때, 〈과학〉과 〈문학〉을 한 순간에(보통은 우리 자신의 관점이 처음 형성되던 순간에) 고정되어 안정된 실체로 취급하기가 매우 쉽다. 스노우가 〈과학〉을 논했을 때 그는 케임브리지의 캐번디시 연구소에서 진행되는 것을 염두에 두고 있었지만, 앞에서 언급했던 지적 변화와는 아주 다르게, 여기에는 편협성의 위험이 도사리고 있다. 〈과학적 탐구〉를 가장 넓은 의미에서 받아들인다면, 압도적인 미국의 존재를 인정해야 한다. 1984년에 한 해설가가 계산한 바에 의하면, 〈서구에서의 연구 개발 중 절반이, 일본과 유럽의 산업국가들을 다 합친 것보다 더 많은 돈을 과학에 쓰고 있는 미국에서 이루어지고 있다〉고 한다. 더 나아가, 증가하고 있는 이런 〈연구〉 비율은(물론 많은 부분이 기초과학이 아니다) 민간 산업체에 의해 직간접으로 지원되는 연구소에서 진행되고 있으며, 이것이 분명하지 않은 곳에서라도 우리는 〈과학에 대한 공적인 자금지원을 위한 안건을 준비하는 데 있어서의 민간 부문의 지배적인 역할〉을 인식할 필요가 있다.[46] 실제로, 20세기 말에 일반적으로 〈과학〉으로 간주되는 것

---

45) George Steiner, *In Bluebeard's Castle: Some Notes Towards the Redefini-tion of Culture*(London, 1971), p.100. 스타이너는 스노우의 논제에 호의적이었으며, 과학자와 〈인문학〉 사이의 감성의 근본적인 차이는 미래와 과거에 대한 그들 각각의 방침의 결정에 놓여 있다는 관점을 찬성했다. 'The Two Cultures Revisited,' *The Cambridge Review*, 108(1987), 13-14의 그의 기고문을 보라.

46) David Dickson, *The New Politics of Science*(Chicago, 1984: rev. edn 1989), pp.4, 44.

의 대부분은 사심 없는 공평한 탐구라기보다는 제약회사, 항공우주산업체 등과 같은 회사들의 산업 전략의 일부로서 이해되어야 한다. 비슷하게, 20세기 중반에 인정된 규범을 중심으로 〈영국문학〉을 꽁꽁 얼어붙게 하는 다른 종류의 편협성이 있을 수 있다. 지난 30년 동안, 영국 문학이 아니면서 영어로 씌어진 것의 출판과 국제적 성공이 크게 늘어났다. 〈영국 문학〉은 이제 영어로 씌어진 문학들 중의 하나일 뿐이며, 가장 오래되고 풍부한 역사를 가졌겠지만 현대 세계에서는 소수 세력일 뿐이고, 다음 세기에도 가장 창조적이고 중요하게 되리라는 것 또한 분명하지 않다. 스노우가 생각했던, 열역학 제2법칙과 셰익스피어의 희곡에 대해 서로 알지 못하면서 케임브리지의 주빈 식탁에 마주 앉은 실험물리학자와 문학비평가 대신에, 20세기 말에 그의 〈두 문화〉 사이의 관계를 대표하는 상징적인 인물은 아마도 미국에 있는 소프트웨어 디자이너인 그녀의 남자 친구에게 노벨문학상을 받은 최근 아프리카계 카리브인 시인의 시에 대한 편지를 부치는 싱가포르계 중국인 경제분석가가 될지도 모른다.

  이것이 우리에게 상기시켜주고 있듯이, 스노우 시대 이래로 가속적으로 발생해 온 또 다른 변화의 하나는 국제 언어로서의 영어의 확산 현상이다. 스노우는 지적 문화와 함께 국가간의 문화를 분리시키는 격차를 강조했으나, 그의 이러한 대비는 둘 다 아마도 〈제2국어로서의 영어〉라고 알려진 저 특수한 방언 또는 방언들의 집단에 의해 수행되고 있는 인간의 통신 증가율이라는 방법으로 조금은 완화되었을 것이다. 이런 발전을 수행하고 있는 상업적·기술적 영향력은 거의 줄어들지 않을 것 같다. 말하자면 이제 우리는 모두 항공 관제사이다. 부분적으로는 이런 이유로, 다른 나라들에서의 교육 내용은, 특히 저⟨개발⟩국에서는, 한 방향으로 수렴되는 경향을 보여준다. 무엇보다도, 순수과학을 위해 필요한 매체로서의 일종의 영어의 지배력은 거의 완벽하다. 1989년에, 자신들 언어의 독특한 위대성과 역사적 지위를 가장 잘 의식하고 있는 나라에서 가장 오래된 과학 출판물의 하나인 파리의 《파스퇴르연구소연보(Annales de l'Institut Pasteur)》조차 그 이름을 《미생물학 연구(Research in Microbiology)》로 바꾸고 전부 영어 논문으로 대체했을 때, 그 어느 때보다도 ⟨지구촌⟩화 되어가는 세계 과학 사회를 향한 현저한 상징적 진보가 이루어졌다.

나중에 스노우는 어떤 면에서 그의 원래 의도는 그의 강연에 ⟨부자 나라와 가난한 나라⟩라는 제목을 붙이기를 원했고, 이것이 ⟨내가 전체 논증의 중심이 되기를 의도했던 것⟩(아래 79쪽)이기 때문이라고 회고했다. 이것이 세계가 직면하고 있는 지배적인 문제이고 ⟨대부분의 '우리의' 동료 인간들이 겪고 있는 치유 가능한 고통⟩에 대한 인식이 ⟨한번 알게 되면 거부할 수 없는 책임감⟩을 초래했다는 그의 의식은, 그의 강연 중에서 가장 존경스럽고 설득력이 있는 부분으로 남아 있다. 그러나 이제는 스노우가 ⟨후진⟩국가들이 얼마나 ⟨현대화⟩를 필요로 하는가를 말하면서 가졌던 어떤 유쾌한 확신을 공유하기는 어려운 것으로 보인다. 물론 그 당시에 스노우 혼자서만 이런 식으로 말한 것은 아니었다. 실제로, 1950년대와 1960년대 초에 특히 미국에서 ⟨현대화 이론⟩으로 알려진 사회과학의 아류가 번성했고, 그것은 모든 사회가 근본적으로 같은 진로를 따라 진보하지만 속도는 아주 다르다는 사회진화론자의 가정에 의존했다. 그렇게 볼 때, 수행해야 할 과업은 〈후진〉사회들에서 〈현대적〉 사회구조인 핵가족화, 세속적 개인주의와 같은 문화적 태도, 그리고 의회 민주주의와 같은 정치적 조정 등의 발전을 가시적으로 가속화하는 것이 된다.

스노우는, 산업화가 그에 잇따라 다른 희망스런 결과들을 가져다 줄 것이며, 신기술의 적용에 대한 이해가 그 과정에 도움이 되고자 하는 사람들에게 가장 중요한 필요조건이라고, 또 선진사회의 행정관료들에 대한 과학 교육의 결핍이 주요한 장애라고, 분명히 믿었다. 지난 30년 동안 선진사회의 다양한 부분들에서의 경험은 이러한 가정에 의문을 제기하고 있다. 사회적 실천과 문화적 태도는 다루기가 매우 어려운 것으로 드러났으며, 승인된 진화론적 진로를 따라가지도 않았다. 국지적 조건에서 유래하거나 적응된 기술 형태의 소개가 자주 서구적 방법의 대대적인 수입보다 좋은 결과를 산출했다거나, 자원을 성공적으로 이용하기에는 예상했던 것보다 정치적 장벽이 훨씬 거대한 것으로 증명되었다는 것 등등이다. 그러나 1959년의 스노우는 기분좋게 확신했다. 〈오늘날의 중국과 같은 큰 나라를 완전히 공업화하기 위해서는 충분한 과학자, 기술자, 기능공을 양성하겠다는 의지만 있으면 된다. …… 전통이라든지 기술적인 배경 같은 것은 거의 문제되지 않는다는 것이다〉(아래 59쪽). 실제로, 문화적·정치적 전통은 이보다는 훨씬 더 중요한 것으로, 동아시아의 경제발전에서처럼 긍정적으로든, 또는 사하라 아프리카에서처럼 부정적으로든, 증명되었다.

스노우의 주장에 대한 계속적인 관심은, 이들 개발국에 의해서 적어도 한 중요한 측면에서 약화되어 왔다. 그에게 있어, 두 문화의 분열에 대한 가장 뚜렷한 실제적 결과는, 〈문학적 지성〉에 의해 집약된 전통적 문화가 〈후진〉국가들에 대한 기술의 수출에 의해 넘쳐 흐를 경제·사회적 이익을 수치스럽게 여긴다는 데 있다. 이런 태도가 사실은 그렇게 널리 퍼진 것도 아니었고, 그가 가정했던 것처럼 그렇게 정치적으로 효과적이지도 않았다는 것은 논란의 여지가 있다. 예를 들어, 영국 공직 고위층의 결정이, 스노우가 D.H. 로렌스 또는 윈드햄 루이스의 취향에서 간파해낸 〈러다이트〉의 태도를 반영한다는 증거는 없다. 그러나 그것을 넘어서 최근 수십 년 동안의 경험은, 제3세계 국가들의 생활 수준의 개선이 최신의 기술 진보에 포함된 과학을 이해하는 것보다는 작동중인 정치적·문화적 영향력을 이해하는 것에 달려 있다는 것을 제시해주었다. 이에 더하여, 다국적 기업과 국제 재정기구들의 결정이 세계 빈국들의 번영을 결정하는 데 더 큰 역할을 하게 됨으로써 행정부가 운용되는 환경이 변화했다. 여기서 또한, 이런 영향력에 대한 효과적인 정치적 제어에 대한 주장이 순전히 기술적인 다른 문제보다 중요해 보이게 되었다. 더 폭넓은 견지에서, 스노우는 정치가 더욱 더 실용주의적으로 되고 갈등을 빚는 이데올로기의 영향은 점차적으로 줄이는 〈이데올로기의 종말〉시대에 대한 어떤 확신을 피력하였다. 어떤 점에서는 냉전의 종식이 이런 예측의 일부를 확인한 것으로 보이게 할 수도 있는 반면에, 실제로 세계는 민족주의, 종족 충성, 그리고 종교적 근본주의와 같은 〈비현대적〉인 충동에 의해 더 분열되는 것으로 드러나고 있다. 이런 영향력들은 분명히 경제나 기술적 개선에 의해 길들여지거나 제거되기 어려울 뿐만 아니라 자연과학으로부터 유래되고 그 모형을 따른 용어로 이해되기를 가장 크게 거부하는 종류의 현상이다. 그러므로 이런 모든 면에서, 자극적으로 강한 용어로 표현한다면, 스노우의 저술 이래로, 물리학 또는 화학 교육이 역사 또는 철학 교육보다 세계 문제를 해결하기 위한 준비에 더 유용하다는 것은 더 이상 분명해지지 않았다.

  스노우가 궁극적으로 밀실에서 일어나는 일보다 대중적 논쟁에 관심이 적었다는 것은, 그의 소설은 물론 그의 대중적 강연으로 미루어 볼 때 분명하다. 그의 〈두 문화〉논제가 어떻게 정책 결정과 관계되는가에 대해 그가 가정한 모형은 정치가와 그들의 조언자라는 작은 집단으로 구성되어 있다.[47] 지난 30년 동안의 정치적 경험은 〈밀실〉정치의 이점보다는 단점을 강조해 왔으며, 거대한 실제적·사회적 어려움에도 아랑곳없이, 결정을 필요로 하는 주요 논점에 대한 어떤 종류의 대중적 토론을 유지할 필요성을 지적해 왔다. 아무도 합리적으로 기초적 숫자와 과학적 교양의 가치를(어떤 목적을 위해서는 필요성을) 부정할 수는 없다. 그러나 관념은 특수한 역사적 환경에서 작용하며, 그리고 20세기 말의 주요 산업국가에 있어 보다 많은 과학적·수학적 능력에 대한 우선적 요구의 고집은 이중적이 되거나 위험해질 수조차 있다. 아무리 우연적일지라도, 의사 결정 과정을 계량 또는 측량할 수 있는 문제로 환원시키는 것을 권장하는 것은, 그것이 부적절한 수준의 기술적 또는 통계적 이해에 만족하는 것

---

[47] 그의 「과학과 정부」는 특히 그의 이 주제에 대한 매혹을 보여줌은 물론, 고위 차원의 의논에 당사자로 참여하고 싶은 그의 열망을 제시한다. 『시사평론』에 수집된 모든 작품들은, 권력에의 접근을 의식하고 있고 자신들의 빈틈 없음 속에서 긍지로 상기된, 활기 있고 유능한 실력 사회의 실력자들, 즉 완전히 남성들 세계의 색조를 반영한다.

으로 나타나는 것보다 훨씬 더 파괴적일 수 있다. 양화가 불가능한 고찰이 그들의 적절한 중요성을 부여받을 수 있는 대중 언어를 발전시키고 확산시키는 것도, 최소한의 기초과학적 교양에 대한 요구만큼은 절박하다.

그러나 아마도 스노우 자신은 마지막으로 할 말이 있었을 것이다. 1971년에 그는 〈'두 문화' 개념을 순전히 학문적으로 형식화하는 것에 불만이 있음을〉, 그리고 몇 차례나 그 주장을 다듬으려 했었음을[48] 인정했다. 그러나 그의 입장의 기초가 되는 보다 큰 세계적 논점이 더욱 중심적이고 급박한 것으로 보였으며, 그는 그의 마지막 대중적 성명에서 그 문제로 돌아갔다. 그 성명은 적절하게도 윈스턴 처칠 경이 그의 유명한 〈철의 장벽〉 연설을 했던 바로 같은 장소에서(미주리 주 풀톤) 행한 연설이었으며, 그것은 「계엄 상태(The State of Siege)」라는 연설이었다. 〈젊은이들은 이유를 묻는다〉고 스노우는 말했다.[49] 그는 가장 단순한 말들로 답을 주고자 했으며, 그의 〈두 문화〉 사상이 다음과 같은 목표 달성에 기여하도록 돕고 싶었다고 강조했다. 〈평화. 식량. 지구가 지탱할 수 없는 인구 증가의 억제. 그것이 큰 목적이다.〉

---

48) *Public Affairs*, p.11.
49) 'The State of Siege' (1968), *Public Affairs*, p.220.

참고문헌

1980년까지의 스노우 자신의 작품과 그에 대한 저술 둘 다에 대한 완전하고 주석이 달린 안내서를 위해서는 Paul Boytinck, *C. P. Snow : A Reference Guide*(Boston, 1980)을 보라. 대부분의 스노우의 소설은 아직도 출판되고 있으며, 11권의 *Strangers and Brothers* 연작은 3권의 작품집으로 재출판되었다(London, 1972). 그의 주요 강연과 수필은 *Public Affairs*(London, 1971)에 정리되어 있고, 그의 저명 인사에 대한 수필 묘사는 *Variety of Men* (London, 1967)과 *The Physicists*(London, 1981)에 정리되었다.

완전한 자전적 자료는 필립 스노우의 『이방인과 동포: C.P. 스노우의 초상화 *Stranger and Brother : A Portrait of C.P. Snow*』 (London, 1982)이다. 약간의 부가적 자료로는 John Halperin, *C. P. Snow: An Oral Biography*(Brighton, 1983)에서 구할 수 있다. 〈Twayne's English Authors' series〉 속의 David Shusterman의 *C.P. Snow*(Boston, 1975)를 포함한 스노우의 소설에 대한 몇 개의 비평적 연구가 있다. 가장 최근의 일반적 연구는(나는 참고할 수 없었다) John de la Mothe의 *C.P. Snow and the Struggle of*

Modernity(Austin, 1992)이다. F.R. Leavis의 *Two Cultures? The Significance of C.P. Snow*(London, 1962)는 그의 *Nor Shall My Sword: Discourse on Pluralism, Compassion and Social Hope*(London, 1972)에 재수록되었고, 그의 작품에 대한 가장 좋은 최근의 연구는 Michael Bell, *F.R. Leavis*(London, 1988)이다. 〈두 문화〉 논제에 대한 문헌은 많으며, 대부분 1960년대부터 시작된다. 대표적인 예로는 David K. Cornelius와 Edwin St Vincent가 편집한 *Cultures in Conflict: Perspectives on the Snow-Leavis Controversy*(Chicago, 1964)와 William H. Davenport의 *The One Culture*(New York, 1970)을 보라.

옮긴이 해제

이 책은 영국의 물리학자이자 문학작가인 스노우(Charles Percy Snow, 1905-1980)의 유명한 리드 강연(케임브리지 대학): 〈두 문화와 과학혁명〉을 토대로 한 그의 증보판 저서 *The Two Cultures*(Cambridge University Press, 1964, 1974, Canto 1993)을 완역한 것이다.

스노우는 이 강연에서 현대 서구 사회에서 과학적 문화와 전통적·인문적 문화 사이의 단절 내지는 대립이 일찍이 오늘날만큼 심각한 시기가 없었다고 전제하면서 이러한 두 문화 사이의 단절 현상, 분극화 현상의 심화는 진정한 문화 자체의 발전에는 물론이고, 정상적인 사회 발전에 치명적 요인이 된다고 주장하였다.

즉, 오늘날의 지적인 상황은 이러한 극단적인 두 문화의 그룹을 형성했을 뿐만 아니라 이 두 그룹은 서로 상대방을 이해하지 못하고, 상호 간의 커뮤니케이션조차 이루어지지 않고 있다. 그런데 스노우에 의하면 과학적인 문화는 현대에 와서는 지적인 의미에서나 인류학적 의미에서나 이미 예술 문화에 못지않은 진정한 문화의 한 요소로 등장했다. 물론 과학의 여러 분야들 사이에도 언제나 서로 잘 이해하고 있다고 볼 수는 없다. 그러나 과학의 세계에서 일하는 사람들 사이에는 행동상의 공통적인 기준, 공통된 연구 방법 및 가정의 설정 방식을 찾아 볼 수 있다. 이러한 경향은 정신적인 면에 있어서나 종교, 정치 등에 그대로 침투해서 소위 과학적인 문화의 패턴을 형성하고 있는 것을 볼 수 있다.

전통 문화에 대한 과학자들의 견해는 대체로 전통 문화에 대한 경시로 나타난다. 전통 문화에 대한 과학자들의 경시는 예술이나 문화에 대한 소양 부족에서 기인되는데 이는 과학자들의 능력을 약화시키고 과학자가 가져야 할 창조적 상상력을 억제시키는 요인이 된다. 따라서 과학자 스스로를 비참하게 만드는 결과를 가져오게 한다.

이에 반하여 전통 문화의 지식인들은 마치 전통 문화가 문화의 전부인 양 생각하고 있다. 그리고 이들은 과학자가 탐구하는 자연의 법칙 따위에는 아무 흥미도 보이지 않고 있으며 과학자를 〈무지한 전문가〉 정도로 생각하고 있다. 이러한 문화의 분극 현상에 대한 원인으로서 스노우는 특히 교육의 전문화에 대한 광신적인 신뢰, 사회적인 형태를 고정시키려는 보수적인 경향을 들고 있으며 교육의 기본적인 개혁을 주장하였다.

또한 스노우는 소위 러다이트로서의 지식인을 비판하고 있다. 즉, 과학적 문화에 속하는 사람을 제외한 서구 사회의 지식인들 가운데서도 산업혁명의 의미를 제대로 이해하지 못하고 이해하려 하지도 않는다. 따라서 문학적 지식인은 어떤 면에서 타고난 러다이트 같은 존재라는 것이다. 그리고 농업혁명과 산업 과학 혁명은 일찍이 인류가 발견한 사회 생활의 질적인 변화를 가져오게 한 획기적인 변화라고 볼 수 있는데, 이 사실에 대해서 전통 문화는 제대로 깨닫거나 파악하지 못하고 있다. 이와 같이 산업혁명의 긍정적인(Positive) 이익이 제대로 이해되지 않고 있는 실정인데, 현재 제2의 변혁을 가져오면서 진행 중에 있는 이른바 과학혁명(Scientific revolution)에 대해서 우리가 과연 옳게 이해하고 있을까는 문제가 아닐 수 없다.

스노우가 말하고 있는 과학혁명이란 시기적으로는 원자 입자를 최초로 공업적으로 이용한 시기인 1906년 이후이며 전자공학, 원자공업, 자동화를 가져오게 한 산업 사회는 과학혁명을 계기로 가능하게 되었는데, 이는 그 이전의 사회와는 본질적으로 다른 사회이며 우리의 세계를 대규모적으로 변혁시키고 있다. 이 변혁이야말로 과학혁명이라는 이름에 알맞은 것으로 본다는 것이다. 그러므로 이러한 과학혁명은 우리들의 생활의 물질적 기반, 더 정확히 말해서 우리가 형성하고 있는 사회의 혈액 같은 것인데도 이에 대해서 우리는 거의 아무것도 모르고 있는 실정이다.

과연 우리는 과학혁명을 맞이할 태세를 제대로 갖추고 있는가? 스노우에 따르면 두 문화의 분극, 대립, 단절과 고정된 패턴(Pattern)으로는 어렵다는 것이다. 즉, 기존의 패턴을 타파하지 않고서는 과학혁명이 가져오는 새로운 상황에 적응하기 어렵다는 것이다. 그리고 과학혁명이야말로 현대를 심각하게 위협하고 있는 핵전쟁, 인구 과잉, 빈부의 격차로부터 벗어나게 하는 유일한 방법이라는 것이다. 한편 이러한 세계적 규모의 과학혁명이 성공적으로 수행되기 위해서는 기계 자본을 포함한 모든 자본의 확충, 과학기술의 인적 자원, 그리고 완전한 교육 계획이 필요하다는 것이다.

교육이 모든 문제의 해결책은 아니다. 그러나 교육을 제쳐놓고서는 새로운 사회에 올바르게 대처하지 못한다. 두 문화의 간극을 없애는 일은 실제적인 면에서, 그리고 가장 추상적이고 지적인 의미에서도 필수 불가결한 과제가 된다. 왜냐하면 두 문화의 분리는 고정된 사고 패턴을 고집하기 때문에 어떤 상황을 지혜롭게 사고하는 데 장애를 준다. 뿐만 아니라 과학이 인류 문명의 태반을 좌우하고, 생사 문제까지 결정하는 시대에 살고 있는 우리들에게는 두 문화의 분열은 실제적인 위험이 아닐 수 없다.

그래서 이상의 문제에서 다시 교육 개혁의 필요성이 강조된다. 교육의 변혁이 곧 기적을 낳지는 않지만 적어도 우리가 이제까지 이야기한 두 문화의 분열은 필요 이상으로 우리를 둔감하게 만들 것이다. 그러나 교육의 변혁을 통해서 어느 정도 양자간의 커뮤니케이션을 되찾을 수 있을 것이다. 파스칼이나 괴테가 그들의 세계를 이해한 만큼은 안 된다 하더라도 두 문화의 갭을 메우는 명제를 내세운 새로운 교육의 개혁은 좀 더 뛰어난 인간을 육성하는 길이 될 것이다. 뛰어난 인간을 육성한다는 것은 예술이나 과학에 있어서 풍부한 상상력과 체험을 도외시하지 않으며, 자기 책임을 무시하지 않는 인간을 육성하는 것을 뜻한다.

그런데 여러 가지 복합적인 요인으로 현대 문화는 급격한 진전을 이루는 가운데 모든 분야에서 세분화와 전문화를 가져왔다. 어느 분야에서든지 전문적인 지식과 기능을 가지지 않고서는 누구나 설 땅이 없는 시대가 되었다. 우리의 시대는 영웅의 시대가 아닌 테크노크라트의 시대인 것만은 사실이다. 물론 전문적 지식, 기능을 체득하는 것은 우리 각자의 장래를 결정하는 중요한 관건이 될 것이다. 이 길에 정진하는 것은 우리들의 중심적인 책임이라 하겠다. 그러나 또 한편으로 이러한 지식의 전문화에 따르는 두 문화의 분극 현상은 지적 영역에 관한 한, 화이트헤드가 경고한 바와 같이 역효과를 나타내고 있다는 것을 잊어서는 안 될 것이다(A.N. Whitehead, *Science and the Modern World*, pp.245-8: 오영환 역, 『과학과 근대세계』, 283-5쪽 참조).

〈즉 일정한 전공 분야를 좁고 깊게 탐구하고 인접 분야에 대해 전혀 무지한 상태는 상당한 위험성을 내포하고 있다. 왜냐하면 이러한 전문화는 일정한 틀에 박힌 정신을 낳게 할 뿐이기 때문이다. 정신적으로 틀에 박힌다는 것은 자유 분방한 창조적 상상력을 그만큼 약화시킨다. 문제는 진지한 사색이 다만 고정된 틀에만 국한된다는 데 있으며, 이러한 전문화에서 발생하는 위험이 크다는 것이다. 특히 현대 민주주의 사회에 있어서는 더욱 그렇다고 볼 수 있는 것이다. 즉, 이성의 지도력은 약화되고, 지도적 위치에 서는 지성인은 균형을 잃기 때문이다. 사회의 여러 기능은 전문화된 상태에서는 훌륭히 작용하지만 여기에서는 전체가 나아가야 할 비전은 없게 된다. 그래서 세부적으로 편중된 진보는 통합하는 작용을 약화시키기 때문에 그만큼 위험성이 증대된다. 무엇보다도 전체적으로 통합된 비전을 구현할 건전한 지혜는 균형을 유지하는 발달에서만 생겨난다〉고 볼 때, 그리고 특히 균형된 발전이 절실히 요구되는 현대 한국의 주체적인 견지에서도, 스노우의 〈두 문화와 과학혁명〉은 진지하게 검토해 보아야 할 중대한 문제의 제기라고 하지 않을 수 없으며, 우리의 현실을 신선한 눈으로 재검토할 필요가 있다는 것을 일깨우게 할 것이다. 그리고 현대 과학의 20세기적 의미가 무엇이냐에 대해서 이 책은 우리들에게 많은 것을 시사해 줄 것으로 믿는다.

끝으로, 저자 자신도 본문에서 지적하고 있듯이, 그의 〈두 문화〉론과 일맥상통하는 것으로 다음의 문헌들은 좋은 참고가 될 것으로 믿는다.

A.N. Whitehead, *Science and the Modern World*
(오영환 역, 『과학과 근대세계』, 서광사, 1989)
G.H. Hardy, *A Mathematician's Apology*
(김인수 역, 『어느 수학자의 변명』, 민음사, 1995)
J. Bronowski, *Science and the Human Values*
(우정원 역, 『과학과 인간가치』, 이화여대출판부, 1994)

스노우는 1905년 영국의 레스터 출생으로, 케임브리지 대학의 크라이스츠 칼리지에서 물리학을 전공하였고, 1930년에 같은 칼리지의 특별연구원(Fellow)이 되었다. 제2차 세계대전중에는 과학자로서의 연구 업적으로 영국 정부로부터 제국훈장(C.B.E.)을 받았으며, 1947년에 영국 전력회사의 중역, 그리고 정무 차관을 역임한 바 있으며, 1957년에 기사 작위를 받았다.

한편 물리학자인 스노우는 1937년부터 문학 작가로서도 눈부신 창작 활동을 하였는데, 1940년에 11권에 달하는 그의 대하소설 『이방인과 동포(*Strangers and Brothers*)』의 첫 권이, 그리고 그 마지막 권이 1970년에 각각 출판되었다. 또한 1971년에는 평론집인 『시사평론(*Public Affairs*)』이 출판되었다. 1980년에 작고했다.

두 문화

1판 1쇄 펴냄 2001년 2월 12일
1판 12쇄 펴냄 2020년 9월 25일

지은이 C.P. 스노우
옮긴이 오영환
펴낸이 박상준
펴낸곳 (주)사이언스북스

출판등록 1997. 3. 24. 제16-1444호
(06027) 서울특별시 강남구 도산대로1길 62
대표전화 515-2000 / 팩시밀리 515-2007
편집부 517-4263 / 팩시밀리 514-2329
www.sciencebooks.co.kr

한국어판 ⓒ (주)사이언스북스, 2001. Printed in Seoul, Korea.

ISBN 978-89-8371-041-3 03400